바다로 간
플라스틱

바다로 간 플라스틱

_ 쓰레기와 떠나는 슬픈 항해

초판 1쇄 발행 2008년 12월 31일
초판 5쇄 발행 2020년 1월 17일

지은이 홍선욱 · 심원준
펴낸이 이원중

펴낸곳 지성사 **출판등록일** 1993년 12월 9일 **등록번호** 제10-916호
주소 (03458) 서울시 은평구 진흥로 68(녹번동) 정안빌딩 2층(북측)
전화 (02) 335-5494 **팩스** (02) 335-5496
홈페이지 www.jisungsa.co.kr **이메일** jisungsa@hanmail.net

ISBN 978-89-7889-189-9 (04400)
ISBN 978-89-7889-168-4 (세트)

잘못된 책은 바꾸어드립니다. 책값은 뒤표지에 있습니다.

이 도서의 국립중앙도서관 출판예정도서목록(CIP)은 서지정보유통지원시스템 홈페이지(http://seoji.nl.go.kr)와 국가자료종합목록 구축시스템(http://kolis-net.nl.go.kr)에서 이용하실 수 있습니다. (CIP제어번호: CIP2009000152)

바다로 간 플라스틱

쓰레기와 떠나는 슬픈 항해

홍선욱
심원준 지음

지성사

차례

오래 전 인류의 조상들은 생활을 하면서 돌, 동물의 뼈, 가죽, 조개껍질 정도만 쓰레기로 남겼다. 의식주 문제를 모두 자연에서 얻은 재료로 해결했으므로 썩지 않는 쓰레기를 유산으로 남길 일이 없었다.

사람이 사용하는 도구의 재질로 시대를 구분할 때에 석기시대, 청동기시대, 철기시대로 나누어 왔다. 철기시대라는 현대를 사는 우리는 실상 철기와는 전혀 다른 물질을 주로 사용하며 살고 있다. 아침에 일어나서 잠자리에 들 때까지 자연에는 없는 합성물질 '플라스틱'으로 채워져 있는 환경 속에 사는 것이다. 이런 의미에서 지금 우리는 '플라스틱 시대'에 들어와 있다고 해도 과언이 아니다.

최초의 플라스틱은 1800년대 중반에 식물재료로부터 만들어졌지만, 흔히 플라스틱이라 불리는 합성고분자를 활발하게 생산하고 이용하기 시작한 것은 1930년대부터이다. 석유나 석탄에서 얻은 에틸렌이나 아세틸렌에 다른 화학물질을 첨가하여 고온에서 만들어 내는 합성고분자인 플라스틱은, 이전의 천연재료와 비교할 수 없는 장점을 지닌 것으로 평가받았다. 사용 목적에 맞추어 모양, 색상, 무게, 강도 등을 쉽게 조절하여 만들 수 있을 뿐만 아니라 잘 부식되거나 분해되지도 않는다. 우리가 일상생활에서 마주치는 생활용품 중 첨가물이 없는 돌, 나무, 유리, 철과 같은 자연물을 제외한 거의 모든 제품에 사용이 된다고 해도 지나친 말이 아니다. 우리 모두는 직간접적으로 하루 24시간 플라스틱의 놀라운 혜택 속에 살고 있다.

플라스틱을 사용하고 나서 폐기해야 할 때에는 이러한 장점들이 순식간에 단점으로 바뀌어 버린다. 버려진 플라스틱을 매립하면 썩지 않기 때문에 매립지 공간은 지속적으로 늘어나야 하고, 소각을 하려면 이때 발생하는 독성물질을 제대로 처리할 시설을 갖추어야 한다. 그렇다고 그냥 버리면 바다로 흘러들어간다. 이렇게 하여 전 세계 바다에 떠다니는 쓰레기의 90퍼센트는 플라스틱으로 되어 있다. 에베레스트 산꼭대기에서 남극까지, 심지어 태평양 깊은 바닷속에 이르기까지, 보이는 곳에서부터 보이지 않는 곳까지, 플라스틱 재질로 되어 있지만 모양이나 용도는 천차만별인 바다쓰레기들이 유령처럼 끈질기게 떠돌고 있다. 이들은 우리 곁으로 숨어들어 쉽게 떠나지 않는다.

쓰레기가 일단 바다로 들어간 다음에는 아무리 효과적인 정책과 법, 대규모 보상과 지원, 최첨단 기술과 장비의 투입도 그 힘을 발휘하지 못한다. 근본적으로 이러한 것들은 사람들이 무의식적으로 또는 함부로 바다를 오염시키는 행동 하나하나를 막지 못하기 때문이다. 대다수 국민들이 이 문제를 스스로 인식하고, 행동이 생각을 따를 때 그 어떠한 정책과 기술보다 더 근본적으로 문제 해결에 다가갈 수 있다. 이러한 의식은 가능한 한 어릴 때부터 길러져야 한다. 그래서 이 책에서는 전문적인 지식과 연구 결과보다는 쓰레기가 바다로 들어가는 경로와 피해, 바다쓰레기의 또 다른 면모와 이를 줄이기 위한 노력과 실천방법을 담았다. 따라서 이 책은 바다 이야기 같지만 생활의 이야기이다.

바다를 공부하면서 시작된 우리 저자 두 사람의 인연은 23년째이다. 같은 공부를 시작했지만 한 사람은 플라스틱에 많이 사용되지만 눈에는 보이지 않는 독성물질에 의한 바다오염을 전문으로 연구하는 사람이 되었고, 또 한 사람은 바닷가에서 쉽게 눈에 보이는 플라스틱을 비롯한 각종 쓰레기로 인한 바다오염을 줄이는 활동을 하는 사람이 되었다. 그리고 이 책에 각자의 경험과 생각을 모았다.

우리는 미래의 의식 있는 시민이 될 우리 청소년들에게 아름다운 꿈과 미지의 세계에 대한 호기심을 키워 주는 바다에 관한 이야기 대신에 우리들의 생명과 안전을 위협할 뿐만 아니라 인류의 미래에 부담을 지우는 바다쓰레기 이야기를 들려주려고 한다. 이 책을 읽음으로써 플라스틱으로 둘러싸인 채 살아가는 청소년들이 쓰레기와 함께 바다로 떠나는 슬픈 항해에 머물지 않고, 무관심했던 환경 의식을 일깨우고 작은 것이라도 실천하겠다는 의지를 가질 수 있게 되기를 기대한다.

이 책의 많은 부분은 한국해양구조단과 한국해양연구원의 동료들이 함께 해 온 일들이다. 감사의 마음은 글로 다 표현할 수 없다. 그 외에도 바다쓰레기를 줄이기 위해 노력하는 많은 분들의 이야기를 부족한 글로 엉성하게 표현하게 되어 죄송한 마음이다. 쓰레기 사진만 가득한 책을 꾸미느라 애쓰신 지성사 여러분께도 감사드린다. 끝으로 늘 출장과 일로 바쁘기만 한 엄마, 아빠를 배려해 주는 어른스러운 종훈이와 혼자서도 꿋꿋하고 씩씩한 종효에게 이 책을 바친다.

2008년 12월

거제에서 홍선욱과 심원준

사람의 손길이 미치지 않아 자연의 모습을 그대로 간직하고 있는 백령도

1부

바다로 통하는 세상

쓰레기의 탈선

한 사람이 1년 동안 생활하면서 버리는 쓰레기의 양은 과연 얼마나 될까? 미국 캘리포니아에 사는 호기심 많은 한 남자가 이런 의문을 풀기 위해 실제로 실험을 한 적이 있다. 1년 동안 자기가 만들어 내는 쓰레기를 집 밖으로 내놓지 않고 차곡차곡 모아 본 것이다.

버클리에서 식품 관련 회사를 운영하고 있는 이 청년은 2007년 1월부터 12월까지 꼬박 1년 동안 자신이 사용한 화장지, 패스트푸드 포장지, 음료수병, 영수증 등을 모았다. 결과는 어떻게 되었을까? 그가 일 년간 만든 쓰레기는 자기 집 거실과 주방 바닥을 가득 채울 정도였다. 한

곳에 차곡차곡 쌓아 놓는다면 2.7세제곱미터가 넘는 큰 부피가 된다. 음식물 쓰레기는 정원 퇴비로 사용하여 포함시키지 않았는데도 말이다.

모든 사람이 이 청년처럼 쓰레기를 집안에 보관한다면 어떻게 될까? 거실과 주방뿐만 아니라 방과 화장실마저 다 쓰레기로 채우는 데 기간이 얼마 걸리지 않을 것이 분명하다. 결국에는 쓰레기에게 방을 내어 주고 쫓겨나는 신세가 될지도 모른다.

다행히도 우리는 방마다 쓰레기를 가득가득 쌓아 놓지 않아도 된다. 누군가 이것을 치워 주기 때문이다. 집안에서 나오는 쓰레기 중 분리수거 대상인 것은 따로 배출하고, 나머지 쓰레기는 살고 있는 지역의 행정기관에서 정해 놓은 쓰레기봉투를 사서 거기에 담아 집밖의 정해진 장소에 내어 놓는다. 아침이면 허가받은 쓰레기 처리업체가 그 쓰레기봉투들을 트럭에 실어 정해진 처리시설로 운반한다. 분리 배출해 내어 놓은 것도 또 다른 전문 업체가 와서 싣고 간다. 우리가 실제 볼 수 있는 것은 여기까지이다. 그 이후에는 지방자치단체나 정부 차원에서 각 가정이나 사무실 등에서 가져간 쓰레기를 매립 또는 소각하여 처리한다.

우리가 버리는 쓰레기가 다 수거되어 적절하게 처리되거나 재활용된다면 크게 걱정할 것이 없다. 문제는 아무도 돌아보지 않는 길거리 쓰레기, 봉투에 담지 않고 몰래 버리는 쓰레기, 바닷가에서 놀다 그대로 두고 가는 피서철 쓰레기처럼 '나 하나쯤이야' 하는 안일한 생각에 소홀히 하거나 무책임 혹은 무관심하게 버려지는 쓰레기들이다. 이들은 바람에 날리거나 빗물에 씻겨 강으로, 바다로 흘러들기 때문이다.

정상적으로 거쳐야 할 처리 과정을 벗어난 쓰레기는 하천과 강을 따라 바다로 흘러든다. 혹은 바닷가 근처에서는 곧바로 바다로 들어가기도 한다. 그리고, 광활한 바다 곳곳 어딘가에서 우리가 상상하지도 못한 여러 가지 문제를 일으킨다. 덫이 되어 다른 생물을 붙잡아 죽음에 이르게 하기도 하고, 어린 물고기가 자라야 할 산란장을 뒤덮어 황무지로 만들어 버리기도 한다. 배의 추진기에 걸려 엔진을 멈추게 하여 사람들을 위험에 빠뜨리기도 한다. 가장 눈에 띄는 것은 바닷가를 더럽혀 관광객(사람)을 쫓아 버리는 것이다. 그물에 고기 대신 걸려 고기잡이를 훼방 놓고, 국경을 마음대로 넘나들어 이웃나라 사람들에게 미운 털이 박히기도 한다. 어떤 경우에는 외국으로부터 낯선 생물을 태우고 와서 퍼트리기도 한다.

육지에서 제대로 수거하여 처리되었다면 벌어지지 않을 몹쓸 일들이 바다에서 일어나게 되는 것이다. 한 사람 한 사람이 쓰레기통과 쓰레기봉투에 버리는 습관, 정해진 장소에 쓰레기를 내어 놓는 행동만으로도 쓰레기의 탈선은 충분히 막을 수 있는 데 말이다.

바다쓰레기의 발생원인

육상 기인	해상 기인
• 육상에서 발생하는 쓰레기들이 집중호우, 폭우, 홍수 때에 하천이나 강을 통해 바다로 들어가 발생 • 해변에 출입하는 관광객이나 연안에 사는 주민들의 쓰레기 방치 또는 무단 투기로 발생	• 어업 · 낚시활동 관련 행위(레저용 낚시행위 포함)로부터 발생 • 여객선, 유람선, 상선 등 선박의 운항이나 해양탐사 시설 등에서 발생

쓰레기를 막는 마지막 보루-하구

낙동강은 강원도 태백에서 시작한 물이 장장 500킬로미터를 흐르는 동안 크고 작은 물줄기들이 모여 이룬다.

△ 낙동강 하구에 어울려 사는 새들과 갈대, 그리고 사람들

아름다운 산과 굽이굽이 여유로운 고개와 풍성한 들판을 적시며 지나온 여정을 마무리 하는 지점이 낙동강 하구다.

이 강물 줄기에 기대어 살아가는 것은 낙동강이 흐르는 경상도 지역 사람들만이 아니다. 상류에서 이동해 온 퇴적물이 쌓여 이룬 을숙도에는, 이름부터 새(乙을)가 많이 사는 물 맑은(淑숙) 섬(島도)이라는 뜻을 가지고 있듯이 왜가리, 백로, 도요새, 물떼새, 고니, 갈매기 등 새들의 천국이다. 엽낭게, 달랑게, 맛, 갯지렁이 등의 저서생물과 세모고랭이, 띠, 갯방풍, 모래지치 등 갯가식물은 새들에게 풍부

△ 낙동강 하구둑

한 먹을거리와 안락한 집을 제공한다. 그래서 하구는 다양한 생물들의 삶의 경연장 같은 곳이다.

하지만, 1987년 낙동강 하구둑 건설로 생명의 땅 을숙도는 큰 시련을 겪어야 했다. 사람들은 바닷물과 강물이 섞이는 것을 막아 민물을 생활용수, 농업용수, 공업용수 등으로 사용하기 위해 2.4킬로미터 길이의 둑을 세웠다. 이 둑은 을숙도를 가로질러 건설되는 바람에 많은 새들과 저서생물, 갯가식물들이 졸지에 삶의 터전을 잃어버렸다. 사람들의 출입이 잦아지면서 환경은 더욱 망가져 갔고 생물들의 수는 현저히 줄어들었다. 여러 목적의 물 공급을 원활하게 하기 위해 세운 둑이건만 둑의 상류에 모인 물이 제대로 흐르지 않아서 거대한 호수가 되면서 수질도 나빠졌다. 결국 낙동강 하구의 물은 원래의 목적과 달리 충분한 물 공급처가 되지 못하여, 합천댐의 물을 끌어다 써야 하는 상황이 되었다.

상류에서부터 흘러내려오는 강물은 끊임없이 토사를 운반한다. 물길을 따라 떠내려온 쓰레기도 덩달아 하류로 이동하게 된다. 하구둑은 물을 관리해야 하는 본연의 임무 외에 엉뚱하게도 쓰레기를 거르는 임무가 하나 더 생겼다. 그래서 하구둑을 관리하는 한국수자원공사는 2003년부터 2007년까지 매년 약 770~1,750세제곱미터의 쓰레기를 수거하는 수고를 감수해야 했다. 보통 하구의 쓰레기는 초목류와 생활쓰레기로 분류하여 수거하는데, 부피로 측정하면 초목류가 생활쓰레기의 3배에서 50여 배에 이른다. 다만 태풍과 폭우가 심했던 2007년에만 생활쓰레기가 2배 이상 많았다.

2008년 9월 낙동강 하구둑 쓰레기 임시 집하장에 나가 어떤 쓰레기들이 많은지 조사한 적이 있다. 플라스틱 음료수병, 음식물 포장 비닐, 음료수 깡통, 일회용품 등은 물론이고 타이어, 세차용 브러시, 돗자리, 생선 담는 나무 상자, 낚시용품, 스티로폼 부표, 어망, 통발 등 별의별 쓰

△ 왼쪽 수문 앞에 모인 초목류 쓰레기 오른쪽 하구둑에 모인 통나무류를 건져서 쌓아 놓은 모습

레기가 다 걸려들어 있었다. 심지어 수중공사를 할 때 흙탕물이 퍼지지 말라고 쓰는 오탁방지막까지 쓰레기가 되어 떠밀려 와 있었다. 그중 반 이상의 양을 차지하고 있는 것은 상류의 산지에서 떠내려온 잔가지류와 통나무 들이었다. 사실 폭우나 강풍에 부러진 나뭇가지들은 자연적으로 생긴 것이기 때문에 쓰레기라 할 수 없다. 다만, 산에 촘촘하게 심어진 나무를 듬성듬성 솎아서 베어낸 나무는 쓰레기로 보아야 한다. 솎아베기한 후에는 솎아낸 나무가 떠내려가지 않도록 잘 정리해 보관해야 하는데 그냥 내버려 두면 폭우에 휩쓸려 쓰레기가 된다. 골프장 조성 등 개발 목적으로 나무를 베어낸 후 방치하는 경우도 마찬가지이다.

나뭇가지나 통나무는 다양한 용도로 재사용하거나 재

활용할 수가 있다. 묘목을 기를 때 흙과 섞어 쓰면 좋은 거름이 되기도 하고, 농가에서는 퇴비나 연료로 이용해도 좋다. 책상이나 의자 같은 가구를 만들 수도 있다. 최근에는 톱밥으로 만들어 가축 사육장에 깔아 주었다가 분뇨와 함께 처리하는 데 이용하기도 한다. 그럼에도 이들을 방치하여 쓰레기를 만든다.

나뭇가지나 통나무류가 일반 쓰레기와 뒤섞여 떠내려오면, 평상시에는 그 양이 아주 적기 때문에 수문 앞에서 거두어 분류하여 처리할 수 있다. 하지만 태풍이 오거나 홍수가 나면, 강물이 불어나고 유속이 빨라져 평소보다 더 큰 쓰레기가 더 많이 떠내려 오게 된다. 하구둑 수문 앞에는 그 곳이 마치 육지인 것 같은 착각이 들 정도로 떠내려 온 쓰레기가 수면을 가득 덮는다. 이를 짧은 시간 안에 걷어내기란 불가능하다. 물은 계속 불어나 주변 논밭이나 건물까지 강물에 잠길 위험이 있기 때문에 어쩔 수 없이 수문을 연다. 수문을 여는 순간 쓰레기는 모두 다 하류로, 바다로 떠내려갈 수밖에 없다.

이렇듯 일단 물에 빠진 쓰레기들은 그만큼 더 많은 수고를 들여 건지고 말려서 분류해야만 한다. 그나마 하구

△ 왼쪽 새들의 천국 낙동강 하구 오른쪽 홍수에 떠내려온 쓰레기가 주인이 된 낙동강 하구

둑이 강물로 흘러든 쓰레기가 바다로 유입되지 않도록 막는 마지막 보루의 역할을 해주고 있다. 홍수 등 자연환경에 따라 하구둑이 감당할 수 없을 만큼 쓰레기의 양을 늘려 주는 초목류는, 최대한 발생지에서 잘 처리하여 재활용할 수 있는 방법을 강력하게 실시해야 한다. 그것이 바다를 보호하는 일이다.

길을 잃은 주사기

2007년 6월, 부산 근처에 있는 한 섬의 자갈 해변에서 끔찍한 물건을 하나 발견했다. 피가 들어 있는 주사기였다. 날카로운 바늘이 심하게 꺾인 상태로 뚜껑도 없이 자갈밭에 놓여 있었다. 2008년 8월 강진의 한 해수욕장에

갔을 때, 모래사장에서 주사바늘을 발견했다. 주변에는 많은 해수욕객들이 파도에 몸을 던지며 맨발로 백사장을 뛰고 모래찜질을 즐기고 있었다. 우리가 발견하지 않았더라면? 생각만 해도 온 몸에 소름이 돋는다.

바닷가 쓰레기에 관심을 갖고 조사하기 시작한 지 8년, 초기에는 주사기 같은 것을 발견하는 일이 별로 없었다. 어쩌면 워낙 쓰레기의 양이 많고 부피가 큰 것과 눈에 잘 띄는 것들이 많아서 이런 작은 물건들에는 별 관심을 두지 못했던 탓도 있을 것이다. 요즘에는 조사를 나가는 곳마다 적어도 1개 이상의 주사기를 발견하곤 한다.

일본도 우리와 크게 다르지 않은 것 같다. 2007년 6월 일본의 방송채널 후지 텔레비전에서 중국으로부터 일본

△ 왼쪽 부산 근처 한 섬의 해변에서 발견된 피가 들어 있는 주사기 오른쪽 강진의 한 해수욕장에서 발견된 주사기

해변까지 많은 의료쓰레기가 밀려온다는 내용의 다큐멘터리를 방송하여 일본 사회에 큰 충격을 던져 주었다. 방송에 의하면 2006년 8월부터 2007년 3월까지 일본의 바닷가에서 주사기, 약병, 수혈용 피가 들어 있는 혈액백 등이 대량 발견되었다고 한다. 약병이 2,220점, 주사기는 바늘이 있는 것이 117개이고 바늘 없는 것까지 합치면 416개나 되었다. 문제는 이 중 표면에 중국어로 표시된 것들이 3분의 1이나 되었다는 것이다. 분명히 따로 분류하여 특별한 과정을 거쳐 처리해야만 하는 특수한 쓰레기들이 어떻게, 그것도 그렇게 많이 일본의 해변으로 흘러들었을까?

우리나라 연안에서도 중국 것으로 보이는 의료 관련 쓰레기들이 발견된다. 중국 글씨가 적힌 주사기를 발견한 적은 없지만, 플라스틱이나 유리로 된 작은 약병, 약 포장지가 자주 발견된다. 이것은 그리 위험하지는 않다. 처음 우리 연안으로 밀려오는 외국쓰레기를 조사할 때는 이런 약병들이 주사약병인 줄 알고 중국 어선이나 상선에서 주사하고 바다에 직접 투기하는 것이라 의심했었다. 그런데, 2005년 바다쓰레기의 발생지를 직접 조사하기 위해 중국 칭따오青島를 방문했을 때 한 조선족 동포가 운영하

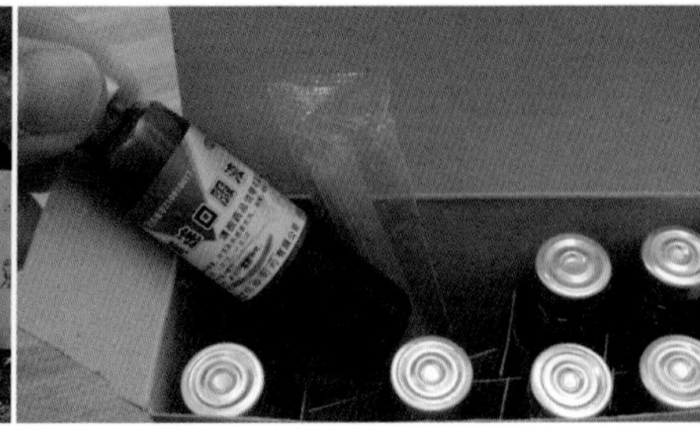

△ 왼쪽 제주도 서쪽의 무인도인 차귀도에서 발견된 의약품병 오른쪽 중국 가정에서 흔히 사용하는 상비약병

는 민박집에 머물게 되었는데, 가정상비약으로 가지고 있는 해열제와 소화제가 바닷가에서 보았던 주사약병 같은 일회용 약병에 담겨 있었다. 우리는 여러 번 복용할 수 있는 플라스틱이나 용량이 큰 유리약병을 이용하는데, 중국은 일회용 유리병을 쓴다는 점이 달랐던 것이다. 그것도 모르고 '중국에서는 이렇게 주사를 많이 맞나' 하고 의아하게 여겼었다.

2007년 6월 중국의 칭따오에서 가까운 '리자오'라는 도시에서 바다쓰레기에 관한 국제행사가 열려 참가한 적이 있다. 이때 중국의 환경부에 해당하는 환경보호총국에서는 의료 폐기물 전용 소각로를 새로 건설하였다며 견학을 시켜 주었다. 2002년 말경 중국 광둥성廣東省에서 중증

급성 호흡기증후군Severe Acute Respiratory Syndrome, SARS이라는 전염병이 발병하여 홍콩, 싱가포르, 베트남 등 전 세계로 확산되어 세계가 긴장했던 일이 있다. 이 일이 있은 뒤, 중국 정부는 감염된 의료 폐기물을 안전하게 처리할 시설의 필요성을 느껴 시범적으로 리자오 시에 소각설비를 설립하였다고 한다. 이것은 곧 중국 대부분의 지역은 의료 폐기물을 적절히 처리할 시설이 아직 없다는 말이 된다.

우리나라의 경우는 「폐기물관리법」이 정하는 대로 병원이든 의원이든 사용한 주사기는 반드시 분리수거를 해야 한다. 병원과 의원에서는 갈색 또는 투명 유리로 된 주사약병, 주사기, 약솜 등을 각각 따로 분류해 담아 놓으면 전문 처리업체에서 정기적으로 방문해서 별도의 통에 담아 가져가면서 장부에 기록을 남기기 때문에 이런 물품들이 바다까지 흘러들 여지가 없다고 봐야 한다.

△ 중국 리자오 시의 의료 폐기물 처리장

어떤 경로를 거치든지 일단 무엇이든 바다로 흘러들면 운반은 해류가 알아서 한다. 필리핀

동쪽 해상에서 시작되어 동중국해와 일본 오키나와 해안을 거쳐 태평양으로 빠져나가는 쿠로시오 해류와 쓰시마 난류쿠로시오 해류의 지류가 제주도 남동해역에서 대한해협을 거쳐 동해로 북상하는 해류가 주로 북동방향으로 북상하므로 중국 남부 해안에 버려진 쓰레기들이 우리나라나 일본 쪽으로 운반되게 된다. 이렇게 먼 바닷길을 이동해 온 쓰레기들은 해류를 타고 결국 태평양까지 나아간다. 바다로 들어온 쓰레기는 국경을 모른다.

중국에서 일부러 의료쓰레기를 우리나라나 일본 해변에 갖다 놓은 것은 분명 아닐 것이다. 모아 놓은 의료쓰레기가 폭우에 휩쓸려 갔거나 운송하던 중에 사고가 나서 바다에 빠졌을지도 모른다. 하지만, 그런 사고나 실수로 인한 피해가 국내에 머무는 것이 아니라 다른 나라, 나아가 인류 모두의 재산인 큰 바다에까지 영향을 끼친다면 최대한 바다로 나가지 못하도록 막는 노력을 기울여야 한다. 중국 전역에서 발생하는 의료쓰레기들이 모두 철저히 처리되는 날이 언제가 될지 아무도 모른다. 그날이 올 때까지 우리 정부가 할 일이 있다면, 바다로 간 주사기가 다른 나라 사람들의 건강까지 위협하지 않도록 중국 정부에 주의와 대책을 촉구하는 것이다. 우리와 같은 앞선 시스템을 소개하고, 시민의식을 높이는 정책도 함께 추진하도록 돕는 것도 한 방법이다. 더불어 우리의 의료 폐기물이 생각만큼 철저하게 관리되고 있는지도 되짚어 봐야 한다.

쓰레기 속의 밀항자

국제화 시대라고 일컬어지는 요즘은 외국에 나갈 기회가 많아졌다. 외국으로 나가려면 먼저 우리나라 공항에서도 위험한 물건을 갖고 있지는 않은지, 외국으로 가져가서는 안 되는 물건을 갖고 가는지 등을 심사받아야 비행기에 탑승할 수 있다. 밀폐된 비행기 안의 좁은 좌석에 묶여 있다가 외국 공항에 도착하면 외국인이므로 이번에는 좀더 까다로운 심사를 거쳐야 한다. 입국하고자 하는 나라에 들어가도 되는 사람인지, 가지고 있는 물건 중에 문제가 될 만한 것은 없는지를 철저하게 검사받게 된다. 외국으로 갖고 나갈 수 없거나 해당 국가에 가지고 들어가면 안 되는 물품은 공항의 검역소와 세관을 통과할 때 작성하는 용지를 보면 알 수 있다.

그중에서 우리가 가장 무심코 지나치는 물품이 바로

토양과 동물이나 식물이다. 특히, 호주의 공항에서는 입국심사가 간편한 반면, 동식물과 식품류에 대한 검사는 지나칠 정도로 까다롭다. 몇 년 전 호주 출장에 동행한 동료가 무심코 주머니에 사과를 넣고 잊어버린 채 세관검사를 기다리다가 난데없이 감시견 한 마리가 앞에 와서 짖는 바람에 몹시 당황해 하던 모습을 본 적이 있다. 각 나라들이 공항 검역소와 세관을 통해 토양, 동물과 식물, 식품류를 철저하게 검사하는 이유는, 외국의 생물이 무분별하게 자국으로 들어오는 것을 막기 위해서다. 외래종 또는 침입종이라고 불리는 이들 생물의 유입을 방관하고 있다가는 그들로 인해 고유의 생태계 질서가 무너져 혼란에 빠지는 환경 재앙을 유발할 수도 있다는 사실을 너무나 잘 알고 있기 때문이다.

우리나라에서도 몇 년 전 전국의 습지를 외래종인 황소개구리가 뒤덮어 생태계를 무너뜨리고 있다고 한바탕 소동을 벌였던 적이 있다. 황소개구리는 물론이고 큰입배스, 파랑볼우럭블루길, 붉은귀거북청거북, 뉴트리아늪너구리도 우리나라의 생태계를 파괴시키고 있는 대표적인 외래종이다. 바다생물 중에도 아시아에서 호주로 흘러든 아무르

불가사리, 유럽에서 미국 오대호로 넘어온 얼룩말홍합, 유럽에서 우리나라 연안으로 유입된 지중해 담치 등 많은 예가 있다. 외래종은 오랜 기간 지리적으로 격리되어 있다가 사람들에 의해 다른 생태계로 옮겨지는 생물들인데, 새로운 환경에 적응하지 못하고 소멸되는 경우는 문제될 것이 없지만 옮겨진 환경에 적응해 번성하게 되면 기존의 그곳 생태계 질서를 파괴하게 된다.

바다에서 외래종은 선체에 붙거나 선적한 짐에 얹혀서 이동하게 되어 주로 선박에 의해 옮겨지는 경우가 일반적이다. 국제사회는 선박을 이용해 이동하는 외래종에 의한 피해가 커지자 국제해사기구International Maritime Organization, IMO를 중심으로 선박을 통한 생물의 이동을 줄이자는 국제협약을 체결했다. 선박평형수Ballast water 선박의 안정성을 높이기 위해 배 밑부분에 채우는 물 처리장치의 장착을 의무화하는 등 무분별한 외래종의 유입을 막고 있다. 그러나 대륙 사이의 바다를 통해 자유롭게 이동하는 쓰레기에 붙어 옮겨오는 생물에 대해서는 제재를 가할 수도 없고 막을 수 있는 방법도 없다.

바다에서 건져 올린 쓰레기를 살펴보면 종종 해조류,

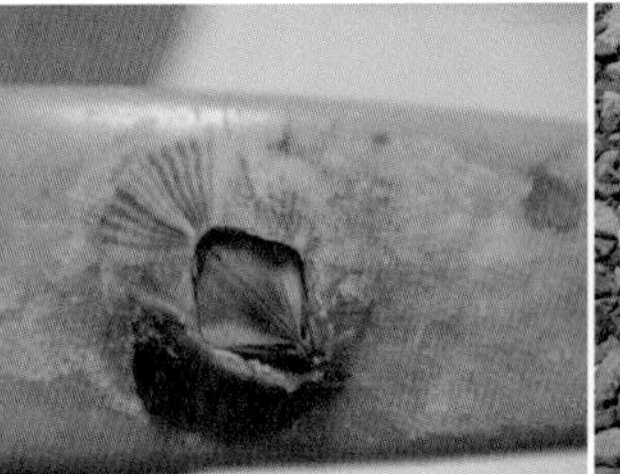

△ 쓰레기에 붙어 있는 거북손, 따개비, 담치

따개비, 홍합 같은 고착성 해양생물들이 붙어 있다. 이들을 현미경으로 자세히 들여다보면 훨씬 다양한 미세조류와 미생물이 붙어 있는 것을 알 수 있다. 이들 생물은 쓰레기에 붙어서 바다를 떠돌다가 쓰레기가 정착하는 바닷가에 함께 내린 승객이라 할 수 있다. 이 승객들은 차비를 내지 않았을 터이니 무임승차요, 공항의 출입국심사를 거치지 않았으니 밀항자인 셈이다.

그러나 쓰레기에 의지해 살게 된 생물 입장에서 생각해 보면 정착해 살 곳을 찾아 떠돌다가 쓰레기를 바위로 착각했을 뿐이니 나무랄 수도 없다. 이들 생물은 일단 정착하면 쓰레기와 한 평생을 같이 붙어 있을 수밖에 없다. 문제는 앞에서 말한 것처럼 국경 없이 떠도는 쓰레기 속의 밀항자도, 쓰레기만큼 아니 그보다 더 새로 정착한 세계에서 환영받지 못하는 불청객이 될 수 있다는 사실이다. 밀항자의 의도와는 전혀 상관없이 새로 정착한 곳의 생태계를 무너뜨리는 외래종이라는 또 다른 이름표를 갖게 될 수 있기 때문이다.

이 또한 생물의 입장에서는 새로운 환경에 잘 적응하여 번성하게 되면 종족을 멀리 퍼뜨리려고 하는 생물의 기본 생존 전략을 성공적으로 수행한 셈이다. 그들에게는 콜럼버스의 신대륙 발견에 버금가는 역사적인 사건이요, 유럽인들이 아메리카 대륙으로 이동하여 토착 원주민을 밀어내고 정착한 일과 다를 바 없을 것이다. 그런데, 외래종 때문에 막대한 피해가 발생했다고 아우성치는 것은 경쟁에서 밀려난 다른 생물들이 아니라 바로 우리 인간들이다. 인간 스스로 요금도 연료도 필요 없는 가장 효율적인 운송 수단을 제공해 놓고서 말이다.

폭죽의 뒤끝

거제도로 이사 와서 행복한 일 중의 하나가 마음껏 밤바다를 즐길 수 있다는 사실이다. 한여름 피서객이 몰리는 한두 달을 빼고는 해변은 늘 한적하다. 간간이 짝을 지어 나들이 나온 사람들이 눈에 띌 뿐이다. 사람들을 방해하는 것이 미안한 듯 수줍게 물러나는 희미한 가로등만이 바닷가를 따라 서 있다. 어둠의 바닷속, 파도에 구르는 몽돌소리는 한국의 아름다운 소리에 포함될 만큼 고운 소리로 누구도 흉내 낼 수 없는 자연의 교향악을 연주한다.

하지만, 가끔 이 고요와 어둠을 방해하는 것들이 있다. 불을 붙여 놓으면 '타닥타닥' 불꽃을 내며 순간 추진력을 얻어 어색한 비명을 내지르며 공중으로 솟아오른 뒤 짧은 빛을 발하고는 이내 사라져 버리는 것, 바로 폭죽이다.

계절에 별 상관없이 해변 축제와 바닷가 행사가 늘어나고, 밤바다가 주는 낭만에 이끌려 바다로 나오는 사람도 많아지고 있다. 베이징 올림픽의 폐막식이나 서울 세계불꽃축제, 광안리불꽃축제 등 대규모 축제는 갈수록 늘어나고 있으며, 사람이 몰리는 해수욕장에서는 어디서나 폭죽을 파는 노점상을 쉽게 만날 수 있다. 긴 막대모양, 원통모양, 사각통모양 등 모양도 다양하지만, 불꽃에 따라 48연발불꽃, 분수불꽃, 로켓포 불꽃 등 정말 다양한 제품들이 성황리에 판매되고 있다.

어두운 밤하늘에 예쁘게 퍼지는 불꽃은 사람들에게

환상을 준다. 촛불이 제 몸을 태워 주위를 밝히고 사라지듯 불꽃도 자신의 모든 것을 스스로 태우고 사라지는 환상을……. 하지만 전혀 그렇지 않다. 폭죽을 터뜨리고 난 다음 날, 같은 해변을 거닐어 볼 것을 권한다. 대부분 해수욕장은 정기적으로 청소를 하는 데도 모래 사이에 마치 담배꽁초처럼 생긴 심지나 말랑말랑하고 속이 빈 검정고무가 환경미화원의 눈에 띄지 않은 채 남아 있다. 두툼한 철심도 발견되지만 그것이 폭죽에서 나오는 것인 줄 아는 사람은 거의 없다. 여러 겹의 마분지로 된 종이포장만이 폭죽임을 알려 주지만 이 또한 사람들에겐 관심 밖이다.

2008년 9월 20일 전국 연안 53개 지역에서 '국제 연안정화의 날' 기념 전국 바다대청소 행사를 한 결과, 폭죽쓰레기가 전체 77,595개 쓰레기 중 2,312개로 3%를 차지하였다. 조사대상인 51종의 쓰레기 중 10위를 차지하는 이례적인 결과이다. 특히 53개 지역 중 강원도 속초해수욕장, 보령 무창포해수욕장, 부산 다대포해수욕장, 포항 북부해수욕장, 제주 이호해수욕장, 통영 도남해수욕장 등 6개 해수욕장에서 2,144개나 발견되었다.

담배꽁초만한 쓰레기가 좀 방치되어 있다고 크게 호

들갑 떨 일은 아닐지도 모른다. 문제는 폭죽을 찾는 사람들이 늘어나고 있고, 한 번에 태우는 양도 많아지고 있다는 점이다. 가볍고 작아서 사람들 눈에는 잘 안 띄지만, 먹이를 찾는 바닷새들에겐 먹이로 착각하기 쉬운 크기이다. 담배필터를 먹이로 알고 잘못 먹는 새들이라면 이런 폭죽쓰레기도 먹게 될 것이다. 아직까지 폭죽쓰레기가 바닷새의 위장에서 발견된 적은 없었다. 하지만, 요즘같이 폭죽의 인기가 높아진다면 심각한 문제를 야기할 수 있다. 그냥 낭만으로 끝날 일만은 아니다.

△ 여러 가지 폭죽

△ 담배꽁초 크기의 심지와 고무로 된 폭죽쓰레기

개인적인 생각인데 폭죽이나 불꽃놀이 용품을 개인이 사거나 터트리지 못하게 했으면 좋겠다. 쓰레기도 문제지만 사용하는 과정에서 안전사고도 일어날 수 있기 때문이다. 실제로 사람을 향해 발

△ 연발불꽃이 터진 후에 남은 폭죽쓰레기

사된 불꽃에 화상을 입거나 실명하는 사고가 종종 발생하고 있다.

미국에서는 1년에 10,000명 이상이 불꽃놀이로 인해 부상을 입는다고 한다. 그런 이유 때문인지 뉴욕 시에서는 불꽃놀이가 모두 불법이다. 행사로 기획하려면 미리 허가를 받아야 한다. 뉴질랜드에서도 폭죽 사용이 무분별하게 늘어나면서 각종 화재, 인명 피해사고가 늘고, 폭음으로 인한 문제가 심각해지자 폭죽 판매를 아예 금지해야 한다는 요구가 높아지고 있다. 현재도 법적으로 14살 이상만 구입할 수 있고, 일정 기간 동안만 판매를 허용하는 방법을 도입하고 있지만 문제는 갈수록 심각해지는 폭죽의 피해 양상이다.

우리나라도 같은 전철을 밟을까 걱정이다. 소음과 함께 사람이 돌아간 뒤에 남는 폭죽쓰레기로 고통 받을 바다생물들을 생각해서 바닷가에서 제발 불꽃이나 폭죽놀이를 하지 말았으면 싶다. 여름철 바닷가 축제마다 빠지지 않을 뿐더러 갈수록 그 규모가 커져만 가는 불꽃놀이 대신 안전과 환경을 생각하여 자연 친화적인 다른 방법으로 밤바다를 즐길 수 있는 길을 찾았으면 좋겠다. 별도의 허가를 받아야만 불꽃놀이를 할 수 있도록 하는 법의 규정도 생각해 볼 시점이라 여겨진다. 불꽃축제를 즐기러 와서 늘 쓰레기와 함께 양심까지 버리고 가는 시민들의 의식도 함께 끌어올릴 방안을 찾아야 할 때이다.

백령도 앞 바다에서 휴식을 취하고 있는 새끼 점박이물범

2부

쓰레기로 슬픈 바다

바다쓰레기로 위험에 빠진 바다생물

낚싯줄, 밧줄, 그물, 풍선줄, 포장끈 고리 등 보통 위험한 물건이라 생각하지 않는 것들도 바다에서는 동물들의 생명까지 위협할 수 있다. 이들로 인한 생물의 피해는 크게 얽힘entanglement과 섭취ingestion로 구분할 수 있다.

얽힘의 피해 사례를 살펴보면 어린 바다표범의 목에 그물이 걸렸는데 어른이 될 때까지 걸린 채 남아 있어서 몸집이 커지면서 서서히 목을 죄어 죽은 경우가 있다. 끊어지지 않는 낚싯줄에 다리가 잘려나간 매너티, 몸에 걸린 그물이 움직임을 방해해 탈진하거나 먹이를 잡지 못하는 바다거북, 부리에 밧줄이 엉켜 먹이를 제대로 먹지 못하고 굶어죽는 해양조류 등 그 양상이 매우 다양하며 빈도도 높다. 버려진 어망이나 밧줄, 물위를 떠다니거나 가라앉은 통발이 원하지 않는 생물들을 얽어서 잡아 죽이는 유령어업Ghost fishing 문제도 심각하다.

포르투갈 남부 해역에서 실시한 연구에 따르면, 어망은 버려진 뒤 최대 248일간이나 더 고기잡이 흉내를 낸다고 한다. 길이 100미터 정도의 버려진 어망이 최대 87.6마리의 대구를 잡는 것으로, 무게로 따지면 29.9킬로그램에 달하는 양이다. 이 연구 해역에서만 대구의 연간 어획량의 0.5퍼센트를 사람이 아닌 바다쓰레기가 잡고 있는 셈이다.

또 다른 연구는 바다쓰레기에 얽혀 죽는 바다 포유류들의 수가 정부와 관련업계의 조치에도 불구하고 줄어들지 않는다는 결과를 보고하고 있다. 호주의 바다사자sea lion와 뉴질랜드의 물개fur seal는 다른 종에 비해 바다쓰레기에 유난히 취약하다. 호주의 바다사자는 상어잡이에 쓰는 단일 섬유로 된 자망에 주로 많이 걸리고, 뉴질랜드 물개는 포장용 테이프의 고리와 바닥을 훑어 고기나 바닷가재를 잡는 저인망에 주로 걸리는 것으로 나타났다. 이 연구는 호주에서 매년 이렇게 피해를 당해 죽는 동물이 1,478마리나 되는 것으로 추정하고 있다.

하와이에는 몽크바다표범monk seal이 서식하는데, 1982년부터 1998년까지 바다쓰레기에 173마리나 걸리는 피해를 입은 것으로 보고되었다. 이런 현상은 국제법으로

△ 그물에 걸려 목숨을 잃은 바다생물

△ 마구 버린 밧줄에 목이 걸린 몽크바다표범

△ 왼쪽 고래 뱃속에서 나온 비닐봉지들 오른쪽 죽은 앨버트로스 배에서 나온 쓰레기들

바다쓰레기를 배출할 수 없게 금지시킨 이후에도 큰 변화가 없었다. 특히, 어린 개체들이 더 잘 걸리는데 주로 어망에 많이 걸렸다. 거의 다 자랐거나 어른이 된 몽크바다표범들은 주로 낚싯줄에 걸리는 것으로 나타났다.

전 세계적으로 매년 바닷새 100만 마리, 고래 · 바다표범 · 매너티 등 보호해야 할 해양 포유동물들 10만 마리가 바다쓰레기에 걸려 죽어가는 것으로 알려져 있다. 우리나라의 대표적인 바닷새인 갈매기류와 매년 갯벌을 찾아오는 철새들도 이런 피해를 입을 것이라 예상은 하지만 아직 구체적인 증거자료조차 확보하지 못하고 있는 실정이다.

섭취, 즉 바다쓰레기를 먹이 등으로 잘못 알고 먹어 피해를 당하는 경우는 앞서 이야기한 얽힘에 의한 경우에 비해 확인하기가 어렵다. 사정이 이러하니 사례보고도 많은 편은 아니다. 죽은 바다거북이나 고래, 바닷새와 같은 해양생물 들의 위장에서 비닐봉지나 플라스틱 제품, 장난감, 레진 펠릿Resin pellet 플라스틱 제품을 만들기 위한 재료 조각들(79쪽 위 사진 참고) 등이 발견되면 이들을 사망원인의 하나로 추정할 뿐이다. 사람도 아기일 때에는 동전이나 장난감 등

방바닥에 떨어져 있는 작은 물건들을 주워 먹는 일이 흔하다. 사람은 자라면서 사물을 분별하게 되면 자연히 먹지 않게 되는데, 동물들은 어른이 되어도 자신들이 소화시킬 수 있는 것과 그렇지 못한 것을 여전히 구분하지 못하므로 이런 변을 당하게 된다.

미국의 플로리다 해변에서 어린 거북의 사체 51구를 수거해 조사한 결과, 25개체에서 플라스틱, 낚싯줄, 낚싯바늘, 고무, 알루미늄 호일, 타르가 발견되었다. 이들 거북은 3종種이었는데, 특히 녹색거북Green turtle, *Chelonia mydas* 한 종이 43개체나 되었고 그중 24개체에서 쓰레기가 발견되어 다른 종에 비해 유난히 쓰레기를 많이 삼킨 것으로 나타났다. 좌초때론 산 채로, 때론 죽은 채로 연안으로 떠밀려와 있는 상태된 위치, 계절, 신체 크기 등에 따라 차이는 별로 없었는데 암컷이 수컷보다 훨씬 쓰레기를 많이 삼킨 것으로 보고되고 있다.

매너티manatee가 쓰레기에 어떤 영향을 받는지를 연구한 결과에 의하면, 1978년부터 1986년까지 플로리다에서 총 400마리의 매너티를 조사하였더니 그중 4마리가 쓰레기를 잘못 먹은 것이 직접적인 원인이 되어 죽은 것으로 나타났다. 낚싯줄, 비닐봉지, 줄, 로프, 낚싯바늘, 철사, 종이, 셀로판, 스펀지, 고무줄, 스타킹 등 매우 다양한 물건들이 매너티 위장에서 발견되었다.

2008년 6월 4일 태국의 파통Patong 해변에서 좌초된 고래 한 마리가 발견되었다. 길이 2미터가량의 쇠향고래Dwarf sperm whale, *Kogia simus*였다. 푸켓 해양생물센터 해양보호종팀에서 조사를 맡았는데, 쇠향고래를 부검한 수의사 손타야 매나와타나 씨는 부검소견서에 다음과 같이 적었다.

1. 복부의 많은 찰과상: 상처는 깊지 않으나 오래되지 않았고 출혈이 진행되는 상태로 발견.
2. 지방층에서 기생충 포낭 발견: 건강에 영향을 줄 정도는 아님.
3. 위장에서 쓰레기 1.6킬로그램 발견: 주로 비닐봉지로 26개 발견되었으며, 위벽의 염증과 출혈은 위장 압박에 의한 것으로 판단(40쪽 아래 왼쪽 사진 참고).
4. 직장의 변은 단단하고 말라 있음: 굶주림에 의한 탈수와 변비에 의한 것으로 판단.

△ 쓰레기를 먹고 죽은 쇠향고래

5. 자궁의 염증 발견: 감염 원인은 임신과 해산으로 추정되며, 과거 임신 경험은 있으나 나이를 알 수 없음.

6. 비장의 수축: 다량의 출혈과 쇼크에 의한 것으로 판단.

사망 원인에 대한 종합적 소견 **'쓰레기에 의한 위장 압박'**

이 고래가 좋아하는 먹이는 심해 오징어인데, 자궁 감염으로 쇠약해진 상태에서 먹이를 사냥하기 힘들어 배회하던 중 비닐봉지들이 떠다니는 것을 발견하고 먹었을 가능성이 있다. 비닐은 소화되지 않으니 위장에 포만감과 압박감을 주어 결국 더 이상 먹이를 먹지 않고 굶어 죽게 되었을 것이라 생각된다.

플라스틱은 아무리 잘게 쪼개어져도 자연 상태에서 영원히 사라지지는 않는다. 레진 펠릿뿐만 아니라 플랑크

톤만큼 아주 작은 크기로 쪼개진 플라스틱 조각은 사람 눈에는 잘 띄지 않지만, 동물플랑크톤 등이 먹이로 잘못 알고 섭취하고 있다는 연구 결과도 있었다. 우리나라 바다에서는 각종 부표로 사용하는 스티로폼이 부서져서 생긴 알갱이 문제가 심각하다. 옛 해양수산부(현 국토해양부)의 해양 폐기물 모니터링 결과에 의하면, 전체 쓰레기 수거조사량 중 어업용 스티로폼의 개수가 매년 최고였다. 실제로 2007년 소흑산도에서 잡힌 갈매기의 위장에서 스티로폼 알갱이 3개가 발견된 것으로 보아, 스티로폼 부표는 플라스틱 조각과 함께 바다생물에게 먹이로 오인될 위험이 아주 크다.

바다생물들에 관한 연구, 즉 먹이를 구하는 행동, 주로 먹이를 섭취하는 장소, 쓰레기에 취약한 종들에 관한 연구는 앞으로 위험에 빠질지도 모를 바다생물을 쓰레기로부터 보호하기 위해 꼭 필요한 것들이다. 외국에서 실시된 많은 연구 결과들은 바다쓰레기가 줄어들지 않으면, 이로 인한 생물들의 피해가 늘어날 것임을 보여 주고 있다. 국제법과 각국 내 법률이나 규제 등의 조치로는 이들의 피해를 줄일 수 없다. 무심코 버린 쓰레기가 육지에서 제대로 처리되지 못하여 바다에 이른다면, 우리도 모르는 사이 보호하고 지켜야 할 생물종을 죽음에 이르게 할 수 있다는 무서운 사실을 다시 한 번 실감하게 된다.

바다쓰레기는 돈 먹는 하마?

우리집 앞으로 흐르는 수월천은 곧장 고현만 바다로 이어진다. 일부러 출근할 때는 천변 도로를 따라 걷는데, 겨우 500미터 거리밖에 안 되는 출근길이지만 민물과 바

△ 평화로운 모습의 수월천

닷물이 만나는 이 하구 속에서 꿈틀대는 다양한 생명력이 활력을 준다. 아침저녁으로 숭어 떼가 파문을 만들기도 하고, 전어 떼가 물위로 퐁퐁 뛰어오르며 비늘을 반짝거리기도 한다. 수질도 좋지 않은 곳에서 생명을 이어가는 물고기들을 보면 참 기특하고 고맙기까지 하다. 바닷물이 빠지면 백로, 왜가리, 흰뺨검둥오리 들이 먹이 사냥에 나선다. 갯벌에 숭숭난 게구멍도 신기하다. 어떤 때는 도로까지 올라오는 게가 있어서 차에 치일까 걱정되어 제 집 쪽으로 되돌려 주기도 한다.

열심히 살아내고 있는 그들과 함께 나뒹구는 쓰레기들을 보면 언제나 마음이 불편하다. 아이들이 먹고 버린 과자봉지, 우유팩, 도로변에서 낚시하다 버린 엉킨 낚싯줄과 미끼통, 술병은 늘상 볼 수 있는 것들이고 줄 끊어진 기타가 발견된 적도 있다. 물속에는 오래 전에 버려진 의자, 세발자전거, 생활정보

△ 갯벌에 버려진 의자와 신문거치대

지 거치대 등이 갯벌에 박혀 세월을 보내고 있다. 바닷가 길에 버려진 쓰레기는 바람만 세게 불어도 곧장 바다로 떨어져 버리게 된다. 바다로 들어가기 전에 주워 담으면 간단한 문제이지만, 바다에 빠지면 그때부터는 시쳇말로 돈 먹는 하마가 된다.

바다로 간 쓰레기는 어떻게 건져낼 수 있을까? 수심이 얕은 곳은 바닷물이 빠지길 기다렸다가 물 표면에 떠 있는 것들은 체로 건져 올리고 물가의 것들은 직접 주워 내면 된다. 문제는 수심이 깊은 곳이다. 수심이 깊어지면 그때부터는 차원이 다르다. 맨몸으로는 건져낼 수가 없다. 잠수 장비를 갖춘 잠수부가 직접 바닷속으로 들어가 하나하나 주워 낼 수밖에는 없다. 바닷속의 쓰레기가 어디에 많이 몰려 있는지 물 밖에서는 거의 확인할 수 없다. 물속에 들어가 쓰레기를 찾아서 그곳으로 이동하여 일일이 손으로 건져내서 수거망에 담아야 하므로 한 번에 많은 양을 주울 수가 없다. 부피가 큰 것은 한두 개 건져 바로 뭍으로 올라왔다가 다시 들어가야 하는 경우도 많다.

하루 10명의 잠수부가 2시간 동안 쓰레기를 건져 올리는 비용이 요즘의 시세로 100만 원 이상 든다. 완전히

△ 왼쪽 해양 폐기물을 건져 올리기 위해 사전 작업을 하는 잠수부 오른쪽 뭍으로 쓰레기를 올리는 잠부수들

처리하는 게 아니라 건져 올리는 것만 그렇다. 육지에서처럼 짧은 시간 내에 많이 주워 담지 못하기 때문에 같은 양을 줍는 데도 훨씬 많은 비용이 드는 셈이다.

수심이 30미터 이상 깊어지면 잠수부가 직접 주워 올리기도 어렵다. 수심도 문제이지만 물속이 탁해 앞이 잘 보이지 않거나 오염이 심해 피부병을 유발하기도 한다. 이럴 때는 대형 장비를 동원해야 하는데, 주로 평부선barge과 크레인을 이용한다. 숙련된 잠수부가 먼저 바다 밑에 들어가 쓰레기의 위치와 양을 확인하고 크레인이 그 위치의 쓰레기를 걸어 올릴 수 있도록 사전 작업을 해야 한다. 한 번 수거를 하는 데 몇 주씩 걸리기도 한다. 개인이 할

△ 평부선과 깊은 바닷속 쓰레기를 끌어 올리는 크레인

수 있는 일도 아닐 뿐더러 지방 자치단체가 나서기에도 예산이 버거운 작업이다. 주로 국가가 이들 사업을 시행하는데 2003년부터 2007년까지 400억 원의 세금을 사용했다. 같은 기간 동안 바다에 빠진 어망을 건져 올리는 데도 180억 원을 들였다고 한다. 1년에 바다 밑 쓰레기를 청소하는 일에만 100억 원 이상의 예산이 소비되고 있는 실정이다. 우리가 조금만 신경을 써서 버리지 않으면 이런 예산은 온전히 아낄 수 있는 일인데 참으로 안타까운 일이다. 정부가 이러한 막대한 예산을 들여 사업을 시행하는 곳은 주로 국가가 관리하는 무역항이나 주요 어항 등이다. 이들 항구를 자주 이용하는 선박회사나 선주들이 조업이나 정박 중에 쓰레기가 바다에 빠지지 않도록 조금씩만 주의한다면 예산 절감 효과를 볼 수도 있을 것이다.

2008년 10월 통영 강구안이라는 항구에서 실시된 해양 폐기물 정화사업 현장에서는 바다 밑에서 건져 올린 것 중 타이어가 눈에 띄게 많았다. 대부분의 배는 다른 배나 부두와 충돌할 때 충격을 완화해 배에 손상이 덜 가게 하기 위해 선체 바깥쪽에 타이어를 매달아 둔다. 이 타이어들이 떨어져 항구

△ 바다에서 건져 내고 있는 자동차 타이어

밑에 가라앉아 있다가 9년만에 실시된 정화사업으로 다시 끌어올려진 것이다. 타이어는 단단히 고정시켜 떨어져 나가지 않도록 해야 하고, 교체할 때에는 떼어낸 것이 바다로 떨어지지 않도록 반드시 되가져가야 한다. 이 항구를 청소하는 데 3억 5천만 원이 소요되었는데, 항구를 이용하는 당사자들이 조금만 더 자신의 문제로 여기고 평상시 관리습관을 들였다면 쓰지 않아도 될 경비였다.

쓰레기 수거에 사용하는 예산의 십분의 일만이라도 쓰레기를 만들어 내지 않는, 즉 버리지 않도록 교육하거나 쓰레기 분리시설 등을 갖추는 데 집행하는 등의 좀더 근본적인 처방이 이루어져야 할 때라고 생각한다. 이러한 근본적인 대책은 당장 효과는 드러나지 않지만 시간이 지날수록 열 배, 아니 백 배의 효과를 볼 수 있을 터이다.

바다라는 드넓은 공간에서 어느 곳에 누가 쓰레기를 버리는지 일일이 찾아내고 감시하는 일은 거의 불가능하다. 정부가 국민이 낸 세금을 아무리 많이 쏟아 붓는다고 해도 바다를 온전히 지키고 보호할 수는 없다. 바다에 기대어 소득을 얻어 살아가는 사람들이, 바다에서 난 먹을거리를 먹고 살아가는 사람들이 스스로 나서서 함께 보존해 나가야만 한다.

하얀 바다

아침에 출근할 때 잔뜩 부풀어 있던 바다는 늦은 점심을 먹으러 나갈 때면 섭섭할 정도로 날씬해져 있다. 다도해의 바다는 단 하루도 똑같은 풍경화를 그려 내는 법이 없다. 한 사람이 그리는 그림이 아니라 지구와 달 그리고 태양, 바닷물과 민물 그리고 그 속을 몰려다니며 파문을 일으키는 어린 물고기들, 철을 가려 날아드는 새들과 그때마다 변화를 보여 주는 숲 등등, 보여지는 것보다 훨씬 더 많은 숨은 화가들이 저마다 붓을 더해 함께 그려 내기 때문은 아닐까?

언제부터인지 정확히 그 시작점은 알 수 없지만 다도

△ 스티로폼 부표가 펼쳐져 있는 양식장

해의 아름다운 바다공원이 거대한 하얀 목걸이를 두르기 시작했다. 낯설고 괴이한 목걸이를 가까이 들여다보니 스티로폼으로 만든 부표들이다. 굴과 김 등을 양식할 때 어디에 양식을 하고 있는지 소유주가 위치를 표시하거나, 해수면 아래로 굴의 종묘를 늘어뜨릴 때 가라앉지 않도록 띄우는 역할을 하는 어구이다. 굴 양식업이 남해안에 확산되면서 우리는 사시사철 싱싱하고 영양 많은 해산물을 값싸게 즐길 수 있게 되었다. 국내뿐만 아니라 미국까지 통영과 거제에서 생산하는 굴이 수출될 정도이다.

양식장이 늘어나는 것에 비례해 부표의 양도 늘어날

△ 유리, 플라스틱, 스티로폼 부표

수밖에 없다. 처음에는 유리로 된 부표를 사용했다. 지름이 50센티미터나 되기 때문에 물에 뜨기는 해도 무게가 제법 나가고 깨질 우려도 있었다. 만드는 것도 하나하나 손으로 직접 만들어야 해서 많이 사용할 수 없을 뿐만 아니라 값도 비쌌다. 그래서, 유리 대신 플라스틱으로 된 부표가 나왔고, 언제부터인지 슬금슬금 플라스틱 대신 스티로폼 부표가 등장하더니 크게 확산되었다. 아마도 스티로폼이 본격적으로 생산되기 시작한 1980년대 초반이 아닌가 싶다.

우리나라에서 스티로폼 부표가 제일 많은 곳은 양식을 가장 많이 하는 남해안이다. 바다 위에 하얀 부표가 줄맞춰 늘어서 있기도 하고 어지럽게 흩어져 있기도 한다. 1년에 우리나라에서 사용하는 스티로폼 부표는 3,500만 개 이상이 된다. 바람에 날리고 파도에 휩쓸린 스티로폼 부표는 다도해의 수많은 섬으로 퍼져 나간다. 해안선에 굴곡이 많은 리아스식 해안은 스티로폼 부표를 그냥 파도에 놓아 보내지 않고 감싸 안는다. 완만하게 흐르는 해변에도, 해안 절벽의 움푹 팬 곳에도 하얀 스티로폼이 구석구석 숨어든다.

△ 굴곡 많은 해안 구석구석 숨어 있는 스티로폼 부표

스티로폼은 손으로 살짝 긁기만 해도 떨어져 부스러기가 생길 정도로 약하다. 바다의 세찬 파도와 바람, 강렬한 햇빛에 긴 시간 시달리다 보면 모퉁이가 떨어져 나와 조각이 난다. 태풍이나 파랑이 오면 더욱 쉽게 부서진다. 바다에서 알갱이로 부서진 스티로폼은 수거가 불가능하다. 이런 알갱이는 플라스틱처럼 썩지 않는다. 모래와 함께 해변에 차곡차곡 쌓이거나, 플랑크톤처럼 바닷물에 떠다닌다. 다른 생물들이 먹이인 줄 알고 먹기도 한다. 스티로폼 알갱이 표면에 화학물질이 쉽게 흡착되므로 먹이사슬을 따라 독성물질이 축적되는 통로가 될 수도 있다.

정부에서 주황색 플라스틱으로 스티로폼 부표를 감싼 개량부표를 보급하기도 했지만, 금이 가면 그곳으로 바닷

△ 모래와 뒤섞인 스티로폼 알갱이에 파묻힐 정도로 오염이 심각한 해안

물이 들어가 무거워져서 부표로서의 기능을 하지 못하는 경우가 많아 어민들이 사용을 꺼렸다. 원래 부표는 깨지거나 망가지면 되가져와 다시 사용하거나 처리해야 하지만, 떨어져 나간 부표를 찾아다니는 인건비가 새로 사는 비용보다 비싸기 때문에 쉽게 포기해 버린다. 스티로폼을 처음 사용하기 시작했을 때에는 부표를 수거해서 재사용하기도 했지만 지금은 그렇게 하는 어민들이 별로 없다. 최근에는 부피가 어느 정도 남아 있는 부표를 수거해서 '폐스티로폼 감용기減容機, 스티로폼의 부피를 60분의 1 이하로 줄여 주는 기계'에 넣어 처리한다.

짙푸른 바다에 줄맞춰 늘어서 있는 하얀 스티로폼 부표의 대열은 마치 우리를 공격하려 몰려오는 적군 같다.

지금 바다에 떠 있는 저 스티로폼 부표들은 바다를 하얗게 만들고 있다. 그리고 1년 안에 쓰레기가 되어 해안으로 밀려올 것이다. 본디 파랗던 바다는 어디로 갔을까? 이렇게 외치고 싶다. 바다를 원래 색으로 돌려 놓자!!

불안한 항해

1993년 10월 10일 오전 9시 45분, 전북 부안군 격포항에서 위도행 서해페리호에 오르는 승객들의 마음은 바빴다. 북서풍이 초당 10~14킬로미터로 불고, 파고가 2~3미터로 높아서 출항이 취소될지도 모를 정도로 기상 상태가 불안했다. 혹시 출발이 취소되면 어쩌나, 이 배를 놓치면 또 얼마나 항구에 발이 묶여 있어야 할까 하는 끝없는 걱정이 몰려들었던 것이다.

정원 221명의 110톤짜리 여객선에 무려 362명이나 되는 사람들이 올라탔고, 화물은 정량보다 7,000톤이나 초과되었다. 그 많은 짐은 선박의 앞쪽으로 몰려서 실려 있었다. 배가 출발하고 얼마 되지 않아 배의 왼쪽 중앙부분으로 밀려든 파도의 높이가 예상보다 높자 배는 방향을 틀어 나아갔다. 10시 10분 격포와 위도 사이 임수도 북서쪽 3킬로미터 지점에서 배는 더 나아가지 못하게 되었다. 다시 항구로 되돌아오려는 순간 배에 비스듬히 부딪는 파도를 맞고 중심을 잃은 배는, 절망의 비명소리와 함께 바닷속으로 침몰하여 362명의 승객 중 292명이 수장되고 말았다. 지금은 바닷속 용궁에서나마 명을 잇기를 기원하는 위령비가 그때의 아픔을 말해 주며 서 있을 뿐이다.

사고가 나면 반드시 그 사고의 원인을 조사하여 책임자의 과실을 묻게 된다. 특히, 서해페리호 참사 같은 경우는 더욱더 그렇다. 이 사고의 원인은 무엇이었을까? 1998년에 발행된 중앙 119구조대의 『재난 유형별 사고 사례집』을 보면 '기상을 무시한 출항, 운항 미숙 및 무리한 기기 조작, 승객과 수화물 과적'이라 적고 있다. 그러나, 한국해운조합의 『여객선 해난사고 사례집(1962~1994)』에는 또 다른 원인이 실려 있어 눈길을 끈다. 바로 '나일론 로프'도 원인 중의 하나라는 지적이다. 복원력이 감소된 상태로 운항 중이던 서해페리호의 추진기 축에 나일론 로프가 감겨 추진력이 끊긴 상태에서 높은 파도를 만나 쉽게 전복되었다는 것이다.

대부분의 선박은 선풍기 날개처럼 생긴 추진기propeller

를 달고 있다. 추진기가 엔진과 연결되어 빙빙 돌면서 배가 전진을 한다. 배가 항해를 할 때 추진기에 걸려들어 진행을 방해하는 것들이 바로 로프, 어망 들이다. 바다에서 가장 흔하고 유용하게 사용되는 어구가 선박의 순조로운 운항을 위협하는 위험 요소가 되는 셈이다. 사용하지 못하게 되어 아무 생각 없이 버린 어구가 언제 어디서 어떤 배를 멈추게 할지 모를 일이다. 배를 운전하는 항해사들은 다른 선박의 위치에도 신경을 써야겠지만 이렇게 바다에 버려진 어구나 통나무 등이 떠다니는 것에도 주의를 기울여야만 한다. 비닐봉투와 같은 흔하디 흔한 쓰레기도 바다에 들어가면 큰 문제를 일으킬 수 있다.

△ 선박의 추진기

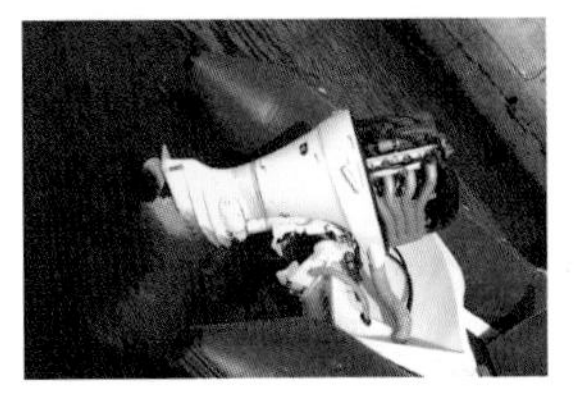

△ 비닐조각이 엔진 내부로 들어가는 바람에 고장난 선박 엔진

2008년 10월 말, 낙동강 하구의 쓰레기를 조사하기 위해 모터보트를 타고 10분가량 바다로 나갔다. 갑자기 엔진에 이상이 생겨 배를 돌려 찾아간 정비소에서 들려

준 이야기는 상당히 충격적이었다. 작은 비닐조각 등 하구에 떠 있던 작은 쓰레기가 엔진의 냉각수 파이프로 들어가, 엔진 과열을 일으키거나 엔진 균열을 만들어 바닷물이 엔진에 침투한 것으로 당장 엔진을 해체하여 바닷물을 닦아내지 않으면 아직 침투하지 않은 부분까지 못쓰게 된다고 했다. 정비소를 찾는 90퍼센트 정도가 이런 종류의 사고라고 했다. 결국 그 배로 조사하는 것은 포기하고 다른 배를 구해야 했다.

생각보다 자주 바다쓰레기가 배들의 항해를 방해한다. 배들의 불안한 항해가 계속되는 것이다. 우리나라 선박 사고의 10분의 1이 바다쓰레기 때문에 일어난 것으로 알려져 있다. 사고가 크지 않아 보고되지 않은 경우, 또는 잦은 엔진 고장 사례까지 포함시킨다면 바다쓰레기로 인한 피해는 훨씬 더 심각할 것으로 추정된다. 여객선을 타고 가는데 바다 위에서 이유 없이 멈춰 선다면 아마도 대부분 바다쓰레기 때문일 것이다.

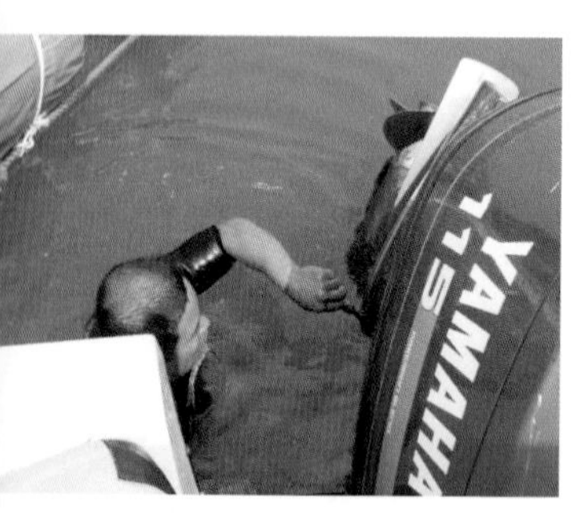

△ 추진기에 감긴 로프를 제거하는 잠수부

이런 이유로 많은 어선이나 선박들은 잠수용구와 함께 잠수가 가능한 선원을 항상 대기시키고 있다. 어망 등이 추진기에 감길 경우 바로 잠수하여 절단해 내야 하기 때문이다.

해양경찰의 구조선이 출동해서 사람을 구조하거나 선박이 침몰하는 것과 같은 큰 사고가 일어나는 경우는 적지만, 쓰레기로 인해 운항을 하지 못하여 손해를 본 비용은 승선료나 해산물값 등에 반영되어 결국은 일반 사람들에게 그 부담이 돌아간다. 첨단 장비로도 작은 쓰레기의 위치를 알아낼 방법은 없다. 눈에도 잘 띄지 않는 조그만 쓰레기가 때로는 사람들의 생명까지 위협한다. 생각 없이 함부로 버린 어구, 생활쓰레기로 크나큰 대가를 치르고 있는 셈이다.

위험한 풍선

야외에서 무엇인가를 축하하는 큰 행사를 할 때면 수천 개의 예쁜 풍선을 하늘로 날려 보내는 일이 잦다. 풍선을 좋아하는 것은 어린이들만이 아닌가 보다. 배의 안전 운항을 기원한다며 날리고, 독도는 우리 땅이라 다짐하며

△ 중국에서 날아온 것으로 추정되는 풍선(강화도)

날린다. 광복절을 기념하여 날리고, 야구 경기를 관전하면서 자기 팀의 승리를 기원하며 날린다. 풍선이 한꺼번에 하늘로 날아오르는 순간 음악과 함성, 박수가 동시에 터져 나온다. 그러나, 5분만 지나면 풍선은 더 이상 사람들의 관심을 끌지 못한다. 하늘 어디론가 올라간 풍선은 과연 어떻게 되었을까? 그 행사에 참석하지 못한 사람들에게 행사를 알리러 먼 길을 마다하지 않고 떠난 것일까? 하늘 높이 올라가 결국 지구 밖까지 날아가 버리는 것일까? 아니면 날아올라가다가 어디쯤에서 터져 버려 공중 분해되는 것일까?

강화도 여차리 갯벌에서 풍선 하나를 발견했다. 표면에 한자漢字인 것 같긴 한데 생김새가 달라 잘 읽을 수 없는 한자들이 적혀 있는 걸로 보아 중국 쪽에서 넘어온 것 같다. 우리나라에서 날려 보낸 풍선이 일본에서 발견된 적도 있다. 이렇게 국경을 넘어 멀리 날아가는 풍선도 있겠지만, 대부분의 풍선은 먼 거리를 이동하거나 높이 올라가지 못하고 중간에 터져 버린다. 찢어진 고무풍선과 풍선에 매달려 있던 줄은 어딘가로 떨어진다. 그것이 육지에 떨어지면 눈에 띄는 대로 주우면 되니까 차라리 괜찮다. 바다로 떨어졌을 때가 큰 문제다. 찢어진 풍선은 바닷물에 실려 둥둥 떠다닌다. 풍선이 무엇인지 모르는 바닷새들은 먹이인 줄 알고 쪼아 먹는다. 플라스틱과 마찬가지로 새의 뱃속으로 들어간 풍선 조각은 소화가 될 리 없다.

△ 풍선 리본에 목이 걸린 새

구슬이나 단추 등에 비해 배설도 잘 안 된다. 뱃속에서 소화기관을 막아 버려 새는 결국 죽음에 이르기도 한다. 풍선에 매달렸던 줄은 너무 쉽게 엉켜 버린다. 엉킨 줄이 바다에 둥둥 떠다니다가 먹이를 잡으러 바닷속을 들락거리는 바닷새의 부리나 발에 쉽게 감긴다. 줄이 부리에 걸리면 주둥이를 벌릴 수 없는 새는 먹이를 먹을 수 없어 서서히 굶어 죽어간다. 발가락이나 발목에 걸렸다고 다행은 아니다. 다리를 벌리거나 균형을 잡지 못하게 되어, 먼 거리를 날아다녀야 하는 바닷새들에게는 치명적이다. 병에 걸린 것처럼 활동이 자유롭지 못하여 자신을 잡아먹으려 덤비는 포식자를 피하지도 못한다.

우리나라 연안에서는 2007년 9월 셋째 주 토요일, 하루 날을 잡아 전국에서 동시에 조사한 결과, 단 하루에 217개의 풍선이 발견되었다. 전 세계적으로는 단 하루에 60,932개가 발견되었다. 풍선 리본이나 풍선 줄에 얽혀서 죽은 채 발견된 바닷새와 해양 포유류도 하루 동안에 다섯 마리가 보고되었다. 단지 행사의 분위기를 좀 띄우기 위해 날려 보낸 풍선이 우리도 모르는 사이에 바다에 살고 있는 여러 생물의 생명까지 위협한 셈이다.

행사를 홍보하고 분위기를 살리는 방법은 풍선 날리기 말고도 얼마든지 있다. 멀리 날려 보내기 위해 풍선에 불어 넣는 헬륨가스 대신 입으로 공기를 불어 넣으면 멀리 날지 못해 훨씬 피해를 줄일 수 있을 것이다. 자연 분해 소재로 된 풍선도 분해되기까지는 오랜 시간이 걸리기 때문에 다 분해되기 전에 같은 피해를 입힐 수 있어 별로 좋은 대안은 아니다. 풍선 날리기는 불필요할 뿐더러 위험하기까지 하니까 자제해야 할 일이다.

하늘의 신선, 앨버트로스의 비극

우리에게는 좀 생소한 새 앨버트로스가 있다. '하늘을 나는 신선'을 닮았다 하여 신천옹信天翁이라 부르기도 하는 새이다. 하늘에서 고고히 나는 앨버트로스는 깃털이 촘촘하여 깃털을 탐내는 사람들에게 마구잡이로 붙잡혔으며, 한때 항해하는 배 위에서 즐기는 사냥이 인기를 끌 때에는 한꺼번에 수많은 개체가 화를 입어 그 수가 얼마 남지 않았다. 이 신비의 새 앨버트로스가 지금 또 다시 심각한 위기에 처해 있다.

하와이의 북서쪽 미드웨이 환초環礁, atoll 산호가 고리모양으로 둥글게 원을 그리며 자라서 생긴 섬는 앨버트로스가 무리를 지어 둥지를 트는 곳이다. 이곳에서 가끔 새의 죽은 시체가 발견되는데, 살은 다 썩어 없어지고 뼈와 깃털과 함께 플라스틱 병뚜껑, 담배꽁초, 라이터 등이 섞여 뒹구는 모습을 볼 수 있다. 왜 이런 것들이 앨버트로스의 사체와 함께 남아 있는 것일까?

△ 앨버트로스 사체 속 쓰레기

앨버트로스는 새끼를 돌보

유치원생만큼 크고, 활짝 펼치면 자동차라도 다 덮을 듯 커다란 날개를 가진 새 | 부리가 분홍, 하늘, 노랑 등의 파스텔톤으로 색이 고운 새 | 날개와 등은 검고, 머리와 배는 하얘서 갈매기처럼 보이기도 하는 새 | 뒷발가락이 없고 발가락 세 개가 물갈퀴로 붙어 있는 새 | 콧구멍으로 실제 냄새를 맡을 수 있는 새 | 오징어와 물고기, 크릴을 좋아하는 새 | 에너지를 많이 쓰지 않고 잠을 자듯 편안히 나는 새 | 번식할 때를 빼고는 평생 바다 위를 날고 바다에서 쉬는 새 | 육지에서 날아오르고 싶을 때에는 오리발 같은 발로 백 미터 달리기를 해야 하는 새

는 동안에는 먹이를 먹으면 반쯤 소화를 시켜 두었다가 토해 내어 새끼 주둥이 속에 깊이 넣어 주는 습성이 있다. 앨버트로스는 바다 위를 날다가 바다 표면이나 좀 더 깊은 곳에 있는 먹이를 잠수하여 잡는데, 바다에 떠다니는 쓰레기들이 앨버트로스에게는 먹을 것으로 보인다. 도망

남반구에서 북반구까지 지구를 제 집 삼아 멀리 높이 나는 새 | 커플이 되기 위해 하늘을 향해 머리를 치켜들고 사랑의 커플춤을 추는 새 | 오십 평생을 한 배우자하고만 사랑을 나누는 새 | 번식을 할 때면 같은 장소로 돌아와 딱 한 개씩만 알을 낳는 새 | 두 달 이상 부부가 번갈아가며 알을 품고 새끼가 태어나면 일 년간 정성껏 보살피는 부성과 모성이 강한 새 | 어두운 밤색 털로 뒤덮인 새끼들이 둥지를 떠날 때까지 오 년 넘게 보살펴 주는 새 | 육지에서는 커다란 날개와 발가락에 붙은 물갈퀴 때문에 오히려 움직이는 게 부자연스러워, 바보새라고 불리기도 하는 새

가지도 않고 바다에 유유히 떠 있는 이들 먹이(?)는 쉽게 낚을 수 있어 잔뜩 입에 물고 와서 새끼 입에 넣어 준다. 쓰레기를 받아먹은 새끼들의 뱃속에는 차곡차곡 쓰레기가 쌓이게 된다. 새끼는 위장에 쓰레기가 쌓일수록 배가 불러 더 이상 먹이를 받아먹지 않아 결국 굶어 죽게 된다.

△ 먹이를 물어와 새끼의 입에 넣어 주고 있는 어미 앨버트로스

미국의 캘리포니아 해변, 풀들이 무성하게 자라 새들이 안심하고 둥지를 틀 수 있는 곳에서 종종 정체모를 뭉치들이 발견된다. 이곳에서 오랫동안 바닷새를 관찰하고 보호하는 운동을 벌여 왔던 사람들이 꽤 자란 앨버트로스 새끼가 이상한 걸 토해내는 것을 우연히 보게 되었다. 부모로부터 독립을 하기 전의 새끼 앨버트로스는 뱃속에 소화되지 않은 것들을 토해내는 습성이 있다. 무엇을 토했는지 궁금해진 사람들이 그 뭉치를 가져다 풀어헤쳐 보았다.

주 먹이인 오징어의 딱딱한 이빨이 많이 발견되었고, 플라스틱 음료수병 뚜껑, 주황색 부표 조각, 비닐봉투 조각 등 다양한 쓰레기가 함께 뒤섞여 있었다. 총 144개의 뭉치들을 더 찾아 조사해 보았더니 모든 뭉치에 각종 플라스틱 쓰레기 조각들이 들어 있었다. 모든 앨버트로스가 플라스틱 쓰레기를 먹이로 알고 새끼에게 먹여왔던 것이다. "아가야, 이거 먹고 건강하게 자라렴" 하며 쓰레기를

△ 덜자란 앨버트로스가 소화되지 않은 먹이를 토해 놓은 것 ▷ 일일이 정리해서 늘어 놓은 앨버트로스 토사물

△ 주낙 낚싯바늘에 걸려 죽은 앨버트로스

입에 꼭꼭 넣어 주었을 앨버트로스 부부를 생각하니 참담하기 그지없다.

앨버트로스는 낚싯줄에 여러 개의 낚시를 달아 얼레에 감아 물살을 따라 풀었다 감았다 하는 주낙으로 물고기를 잡는 어선을 잘 따라다닌다. 이 어선을 따라가면 어민들이 낚시를 드리우거나 끌어당길 때 미끼를 낚아챌 수 있다. 노력하지 않고도 공짜밥을 먹을 수 있는 좋은 기회이다. 하지만 한편으로는 위험하기 짝이 없는 식사법이다. 연간 수만 마리나 되는 앨버트로스가 낚싯바늘에 낚이거나 낚싯줄에 얽혀 죽어가고 있다. 사람들이 일부러 잡으려고 한 것은 아니지만 보호하고 지켜 주어야 할 새가 우리도 모르는 사이 죽어가고 있는 것이다.

국제적으로 앨버트로스와 바다제비petrel의 보호를 위한 국제협약이 2001년에 만들어져, 호주, 에콰도르, 뉴질랜드, 스페인, 남아프리카, 프랑스, 페루, 영국 등 여러 나라가 동참하고 있다. 앨버트로스가 다가오지 못하게 붉은 리본을 묶어 경계심을 불러일으키기도 하고, 낚싯줄을 야간에 주로 내리거나 끌어올려서 되도록 앨버트로스의 눈에 안 띄게 한다. 걸리더라도 잘 빠져나가게 낚싯바늘을 변형시키는 방법도 쓰고 있어 반가운 일이다.

바다에서뿐만 아니라 하늘에서도 앨버트로스의 비극은 일어난다. 1950년대와 1960년대에 하늘 높이 나는 앨버트로스가 항공기나 높은 관제탑에 부딪쳐 몇 년 사이 수천 마리가 죽었다. 높이, 그리고 멀리 나는 새가 마음껏 날아다닐 수 있는 하늘과, 언제라도 편히 쉴 수 있는 안전한 바다는 이제 없다. 보존하고 복원하기 위한 우리들의 노력만이 남았을 뿐이다.

그들만의 세상이 평화로워 보이는 바닷새들

3부

별난 바다쓰레기 세상

바다쓰레기 톱 텐(Top 10)

2007년 9월 15일, 국제 연안정화의 날을 기념하여 실시한 전국 바다 대청소 행사에 참가한 우리나라의 자원봉사자들은 해변과 해저 27.44킬로미터에서 51,382개의 쓰레기를 주워 모았다. 이날 참가한 사람들은 4,520명이었고, 수거한 쓰레기의 총 무게는 113,616킬로그램이었다. 이것은 코끼리 25마리의 무게와 같다. 이 날 하루 동안 모은 플라스틱이나 유리로 된 음료수 용기는 각각 2,906개와 3,975개였다. 한 사람이 하루에 1개의 음료수를 마신다고 가정해도 4명의 가족이 4년 반 동안 마실 수 있는 양이다. 담배꽁초는 10,881개 나왔는데 하루에 담배 1갑을

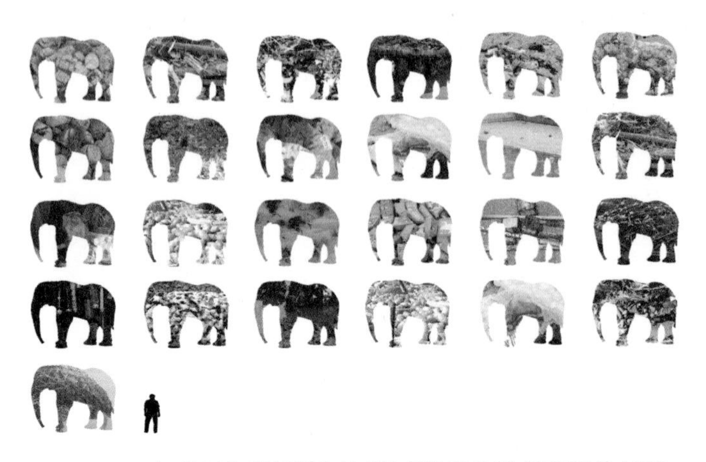

△ 2007년 9월 국제 연안정화의 날 하루 동안 우리나라 바닷가에서 수거한 쓰레기의 양(코끼리 25마리에 해당하는 분량)

피우는 어른이 1년 반 동안이나 피울 수 있는 양이다. 비닐봉투는 4,192개를 수거하였는데, 이는 일상생활에서 가장 흔하게 나오는 쓰레기 중의 하나이다. 스티로폼이나 플라스틱으로 만든 부표는 4,091개를 주웠다. 이들은 주로 양식시설에서 떨어져 나온 것으로, 스티로폼 부표는 하나가 수백 조각으로 부서질 수 있으므로 알갱이로 떨어져 나가면 셀 수조차 없는 경우가 많다.

2001년부터 2007년까지 우리나라 연안에서 수거한 쓰레기 중 수량이 많은 순서대로 순위를 매기면 매년 담배꽁초, 플라스틱 음료수병, 각종 뚜껑, 유리 음료수병, 음료수 깡통, 음식물 포장지 및 포장용기 등 6가지가 늘 상위권을 차지한다. 부표, 각종 봉투, 비닐 방수천, 컵·접시·스푼·포크와 같은 식기류, 포장끈, 로프 등도 자주 10위권 안에 드는 항목들이다. 지난 5년간 음료수나 음식물 포장 등 식생활과 관련된 쓰레기가 전체 쓰레기 중 3분의 1에서 절반가량으로 그 양이 늘고 있다.

전 세계로 범위를 넓혀 결과를 살펴보면 특이하게 시가Cigar를 피울 때 사용하는 팁의 개수가 8위를 차지할 정

2007년 우리나라 바닷가 쓰레기의 TOP 10

순위	우리나라 해변	개수	비율
1	담배/담배필터	10,881	21.2%
2	각종 봉투(비닐봉투)	4,192	8.2%
3	플라스틱, 스티로폼 부표	4,091	8.0%
4	음료수병(유리)	3,975	7.7%
5	음료수병(플라스틱)	2,906	5.7%
6	각종 뚜껑	2,644	5.1%
7	음료수캔	2,493	4.9%
8	끈(플라스틱, 가죽, 금속)	2,403	4.7%
9	음식물 포장지, 포장용기	2,019	3.9%
10	밧줄	1,721	3.3%
합계		37,325	72.6%

도로 많았다. 일회용으로 쓰고 마구 버린 탓일 것이다. 다행히 우리나라 사람들은 거의 시가를 피우지 않아 시가 팁이 바닷가에서 발견되는 일은 거의 없다.

2007년 세계의 바닷가 쓰레기 TOP 10

순위	전세계 해변	개수	비율
1	담배/담배필터	1,971,551	27.2%
2	음식물포장/용기	693,612	9.6%
3	각종 뚜껑	656,088	9.1%
4	비닐봉투	587,827	8.1%
5	음료수병(플라스틱)	494,647	6.8%
6	일회용 접시/포크/나이프/스푼	376,294	5.2%
7	음료수병(유리)	349,143	4.8%
8	시가용 팁	325,893	4.5%
9	빨대/젓는 막대	324,680	4.5%
10	음료수캔	308,292	4.3%
합계		6,088,027	84.1%

지역적, 사회적 특징에 따라 바닷가에서 발견되는 쓰레기의 종류는 조금씩 다르다. 우리나라 해안에서 발견된 특이한 쓰레기 10가지를 모아 보면 다음과 같다.

▷▶우리나라 해안에서 발견된 특이한 쓰레기 톱 텐

◁ 북한 주민 설득용 전단지: 인천 강화도에서 발견된 것으로 분단국의 현실을 여실히 보여 주는 바다쓰레기. 북한 주민들을 설득하기 위해 우리나라에는 종교의 자유가 있음을 사진과 함께 소개하고 있다. 우리나라 쪽에서 북한으로 날려 보낸 것으로 추정된다.

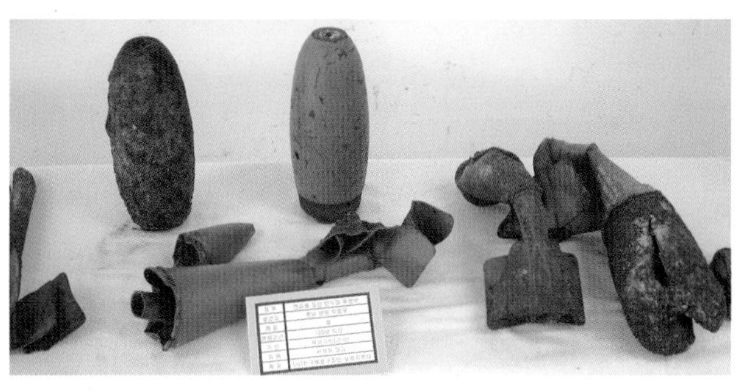

△ 로켓포: 충남 보령의 독산 해변에서 발견된 특이한 쓰레기. 인근 공군부대가 야간사격훈련장으로 이용하는 황죽도에서 군사훈련을 할 때 바닷속이나 바닷가로 떨어진 것으로 추정된다. 바닷속에는 낙하산, 조명탄 등도 많이 가라앉아 있다.

◁ 세면대: 2003년 초강력 태풍 매미의 피해로 경남 거제 농소해수욕장 세면대가 통째로 뜯겨져 나간 모습.

◁ 초창기 스티로폼 부표: 어업, 양식업에 쓰는 부표는 처음 유리로 만든 것을 사용하다가 플라스틱으로 바뀌었으며, 요즈음에는 스티로폼이 일반적이다. 스티로폼 부표가 확산되기 전 나무를 덧대어 사용한 모습.

◁ 나무닻: 2005년 여수 금오도 해변에 떠밀려온 것. 요즘에는 모두 금속으로 된 무거운 닻을 사용하기 때문에 보기 드문 닻이다.

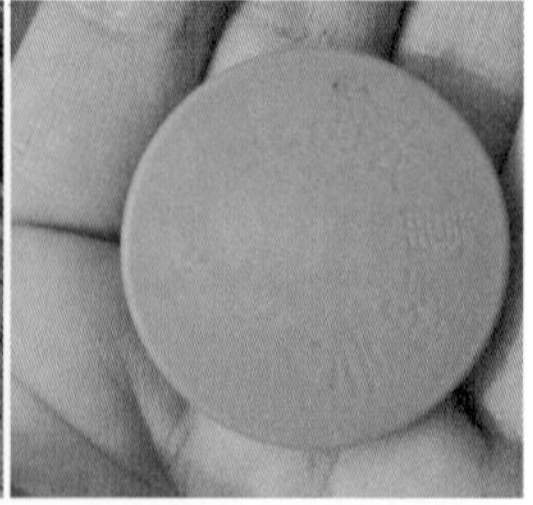

△ 왼쪽 산탄총알 탄피: 사냥용 산탄총에 사용하는 총알의 탄피가 바닷가에서도 발견된다. 오른쪽 중국산 일회용 물약병의 뚜껑: 2006년 제주도 서귀포 용두암 해변에서 발견된 것으로, 색상이 다양하다.

△ 플라스틱 레진 펠릿: 플라스틱의 원료로 쓰이는 것으로, 플라스틱 제조공장으로 운반하는 과정에서 사고로 유출된 것으로 보인다. 일본에서는 우리나라보다 훨씬 흔한 쓰레기이다.

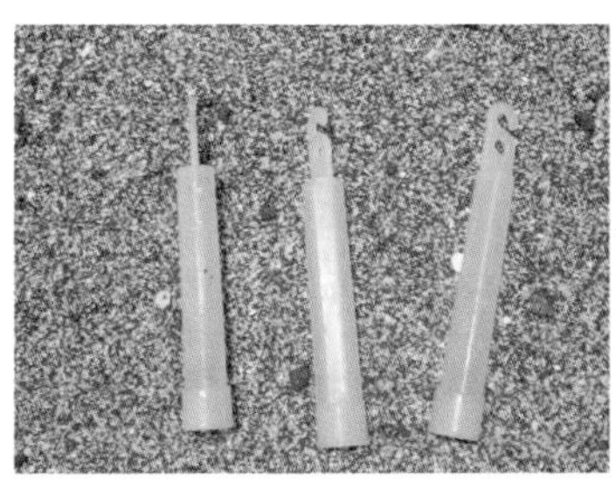

◁ 형광막대: 밤바다를 즐기는 관광객들이 만들어 내는 쓰레기. 해변 축제가 확대될수록 늘어날 것으로 보인다.

▷ 주황색 부표: 중국에서 많이 쓰는 주황색 부표가 우리나라 남해안으로 넘어온 것. 자세히 관찰하면 어느 해변에서나 한두 개 이상은 발견된다.

쓰레기가 역사 유물

낙동강 물에 씻긴 모래가 쌓여 섬이 된 곳, 진우도. 진우도는 부산 낙동강 하구에 위치한 무인도이다. 낙동강 상류로부터 끊임없이 흘러드는 모래가 한 번씩 멈췄다 씻겨나가곤 하는 이곳은 큰 비가 내릴 때마다 해변의 땅모양이 조금씩 바뀐다. 강물이 약할 때는 모래가 넓고 두껍게 퇴적되었다가 비가 많이 내려 물살이 셀 때는 쌓였던 모래톱이 깎여 나간다. 그럼에도 그곳에는 넓은 갈대밭과 소나무 숲이 든든히 자리하고 있으며, 한국전쟁 직후 부모 잃은 아이들이 머물던 고아원 터가 남아 있다. 사람은 아무도 살지 않는 대신 빨간 집게로 무장한 도둑게와, 사람들의 간섭을 피해 이곳에 자리잡은 갯벌생물과 염생식물들이 섬의 주인 노릇을 한다. 낙동강의 물줄기 방향에 직각으로 맞서고 있는 진우도를 지탱하고 있는 것은 바로 이들 동물과 식물들이다.

두껍게 쌓인 모래층이 직각으로 깎여 속이 드러난 곳에 난데없이 신발 한 짝이 박혀 있다. 모래가 굳지 않아서 쉽게 파낼 수 있었는데, 꺼내고 보니 1970~1980년대에 흔히 신던 플라스틱 재질의 슬리퍼였다. 물론 요즘에도

△ 진우도의 사구에 모래와 함께 퇴적되어 있는 신발

이런 슬리퍼를 신는 사람은 있겠지만, 이렇게 우리가 사용하고 버린 생활용품이 모래톱이나 갯벌에 더 깊이깊이 박혔다가 오랜 시간이 흐른 뒤 언젠가 유물로 발견될지도 모르겠다는 생각에 피식 웃음이 났다. 사실, 요즘 선사시대 유물로 발견되는 조개무지는, 우리 조상들이 바닷가에서 조개를 캐먹고 껍질을 분리 배출한 음식물쓰레기 처리장이다. 사람들이 남기는 흔적은 먼 후세대에 이르러 유물로 구분되어 역사를 이해하는 데 소중한 자료가 되기도 한다.

실제로 옛날 쓰레기를 연구하는 학문분야가 있다. 1960년대에서 1970년대에 쓰레기 매립장 등에 버려진 쓰레기를 발굴하여 당시의 생활상을 이해하고 탐구하는 학문으로, 쓰레기고고학garbage archaeology이라고 한다. 쓰레기 매립장 등에 묻혀 있는 다양한 유물(?)을 발굴, 분석함으로써 당시 그 지역에는 얼마나 많은 사람들이 살았으며, 식생활은 어떠했고 지금과 어떻게 다른지 등 현대 도시인들의 생활상을 복원해 내는 학문이다.

비슷한 맥락에서 과거의 화장실 배설물이나 형태 등을 연구해 당시 사람들의 식생활이나 건강 상태 등을 복원해 내는 화장실고고학이라는 학문도 있다. 이것 역시 넓은 뜻에서는 쓰레기고고학의 범주에 포함된다. 쓰레기 매립장을 헤집고 다니는 고고학자들의 모습이 어쩌면 넝마주이처럼 여겨질 수도 있으나, 더럽고 치워야 될 오염물질인 쓰레기를 연구대상으로 삼아 우리의 역사를 정리하는 것만으로도 그들의 일은 가치를 얻는다.

우리가 배출하는 각종 폐기물이 나중에는 모두다 유물이 되니 마음 편하게 버리자고 한다면, 그것은 쓰레기 고고학자들에게 너무 큰 짐을 지우는 것이 될 것이다. 그런 생각으로 마구 쓰레기를 버려 대면 아마 여기저기 썩지 않는 유물로 가득한 유적지가 너무 많아서, 우리 후손들에게는 더 이상 보존하고 지켜야 할 소중한 유적이 아닌 몰상식한 선조들의 더러운 쓰레기 더미로 눈총을 받을 것이 뻔하다. 사람이 한평생 살다 가면서 이름을 남길지언정 쓰레기는 최대한 남기지 않는 것이 후손들을 위하는 것이다.

쓰레기 삽니다~

요즘처럼 쓰레기를 철저하게 분리수거해서 비닐봉투에 담아 내놓는 모습만 보아온 청소년들은 상상하기 쉽지 않은 풍경이겠지만, 우리가 어렸을 적에는 집집마다 대문 밖 담벼락에는 큰 개집보다 좀 더 큰 콘크리트 쓰레기통이 놓여 있었다. 각 가정에서 나오는 쓰레기를 그곳에 담아 뚜껑을 닫아 놓으면 새벽마다 쓰레기 수레가 와서 쓰레기통 아래쪽에 난 구멍으로 쓰레기를 치워 갔다.

당시에는 자기 몸이 들어갈 만큼 큰 광주리를 짊어지고 집게 하나 든 채 골목골목을 누비며 쓰레기통 주변을 기웃거리는 사람들을 쉽게 볼 수 있었다. 쓰레기통을 뒤지거나 그 주변에 버려진 빈 병이나 고물, 넝마옷이나 이불처럼 천으로 된 쓰레기 같은 걸 발견하면 집게로 집어 반대쪽 어깨 너머로 잽싸게 던져 등에 진 광주리에 골인을 시켰다. '넝마주이'라는 이 직업은 버려진 물건들을 모아 재활용

업체에 넘겨 돈을 버는 사람들을 가리켰다. 오늘날의 표현으로 하자면 '폐기물 수거업자'인 셈이다. 그들은 다른 사람들이 쓸모없다고 버린 것들을 주워 재활용할 수 있도록 하는 중간자 역할을 했다. 비록 생계를 유지하는 수단으로 쓰레기를 주우러 다녔지만 그들 덕분에 당시 길거리에는 함부로 나뒹구는 쓰레기가 드물었다.

넝마주이가 주워온 쓰레기를 돈 받고 사 주었던 것처럼 지금도 쓰레기를 모아 오면 돈으로 사는 곳이 있다. 경상남도 삼천포에서는 새벽일 나갔다 돌아오는 어선마다 물고기와 함께 쓰레기부대가 한가득 실려 온다. 그 배에서 나온 쓰레기를 모은 것이 아니라, 바다에서 건진 것들이다. 고기잡이를 하다 보면 그물에 쓰레기가 걸려 올라오는 일이 흔하다. 주로 바닷속에 버려진 통발물고기나 게를 잡는 덫, 어망, 로프 등이 올라온다. 이것들을 다시 바다에 버리지 않고 모아서 항구로 가지고 돌아오면 수협에서 돈으로 바꾸어 준다. 물론, 정부가 주관하는 일이다.

사실 이 쓰레기들은 어민들이 생계를 위해 바다에 드리우거나 설치했던 어구들이다. 자신들의 생계를 위해 설치한 것들이 바다에 빠져 쓰레기가 되었다가 조업 중 우

△ 왼쪽 삼천포 수협에서 어민들이 건져온 바다쓰레기를 집하장에 모으고 있다. 오른쪽 완도군 수협에서 설치한 바다쓰레기 수거함

연히 걸려 올라온 것인데, 이것을 되가져오면 국민의 세금으로 사 주는 것이다. 40리터 봉투 하나를 채워 오면 4,000원을 준다. 1리터당 100원 꼴이다. 통발은 개당 평균 200원, 양식에 주로 쓰는 폐스티로폼은 킬로그램당 260원을 지급한다. 이 사업이 바로 2003년부터 정부가 실시해 오고 있는 '조업 중 인양 쓰레기 수매사업'이다.

일반 가정에서는 자기 쓰레기를 버리려면 반드시 돈을 내고 종량제 봉투를 사야 한다. 종량제 봉투는 지방자치단체에서 각각 봉투값을 결정하는데, 2008년 기준으로 전국에서 가장 비싼 경우가 20리터당 900원이다(부산시, 2008). 즉, 1리터당 45원을 내고 쓰레기를 버려야 한다. 이에 비해 어민들에게는 2배의 돈을 주면서 쓰레기를 사고 있으니 참으로 아이러니한 일이 아닐 수 없다.

어업은 논이나 밭에 씨를 심어 몇 개월씩 또는 몇 년씩 길러 수확하는 농업과는 다른 면이 있다. 항상 움직이고 언제 나타날지 모르는 물고기 떼를 잡는 것이어서, 한번 기회가 왔을 때 가능한 한 많이 잡으려는 경향이 있다. 어족 자원은 바다 전체를 놓고 보면 공동의 자산이며, 허가를 받은 어업을 정해진 구역 안에서만 해야 하는 것이 맞다. 하지만, 실제 드넓은 바다에서는 잘 지켜지지 않는다. 그러다보니 아무래도 공동 자원에 대한 주인의식이 강하지 않아서 내가 버리지 않은 것을 스스로 되가져 와야 할 필요나 의무감을 잘 느끼지 못한다.

바다 한가운데에서 조업하는 도중에 걸려 올라오는 쓰레기는 부피가 커서 손으로 잡아당기거나 끊어낼 수 없는 것들도 많아 처리가 곤란할 뿐만 아니라, 고기를 잡다가 말고 쓰레기를 골라내어 따로 모으는 사이 물고기 떼가 멀리 달아날 수도 있다. 바다는 넓으니까 그 정도 버리는 것쯤이야 하는 생각이 오랫동안 뿌리를 내린 탓도 크다. 그런 점을 감안해 정부는 직접적인 보상이 없으면 어민들이 쓰레기를 되가져오지 않을 것이라고 판단하고 급기야 쓰레기를 수매하게 된 것이다. 어민들이 생활의 터전인 바다에 나가 상품이라 할 수 있는 고기 잡기도 바쁠뿐더러 수확한 물고기를 최대한 싱싱한 상태로 육지로 가져와 경매에 넘기기 바쁜데, 언제 쓰레기를 분리해 되가져 올 수 있겠느냐는 논리이다.

한편으로는 맞는 이야기이다. 그러나, 이 시점에서 우리 어민들도 시민의식이 필요하고 또한 발휘되어야 한다. 미국, 유럽연합, 스웨덴, 폴란드, 노르웨이, 호주 등 여러 나라에서는 돈으로 어업쓰레기를 되사는 방법을 쓰지 않는다. 대신 어망 되가져오기 운동을 한다. 미국 하와이의 경우에는 어망을 모아 놓을 수 있는 컨테이너만 깔끔하게 설치해 놓았다. 어민들은 바다에서 건졌거나 자신이 쓰다 폐기할 어망 등을 그곳에 넣어 두기만 하면 된다. 모아진 어망은 업체가 와서 수거해 잘게 잘라 전력회사로 넘겨 전기를 생산하는 데 사용한다. 이곳의 어민들은 돈을 받고 하는 일이 아니다. 스스로 자신의 삶의 터전인 바다를 가꾸고 건강하게 만드는 것이 오래오래 후손들까지 안정적으로 고기잡이를 할 수 있는 길이라는 사실을 잘 알고 있기 때문에 동참하는 것이다.

△ 어망을 가져다 놓으면 재활용한다는 문구가 선명하다(하와이)

조업 중에 걸려 올라온 쓰레기를 사들이느라 국민의 세금이 2007년 한 해에 49억 원이나 들어갔다(국토해양부 자료). 자기 스스로 만들어낸 쓰레기를 정부가 세금을 들여 사주는 것은 세계 어디에서도 그 유래를 찾아볼 수 없는 일이다. 어민들의 의식을 돈으로 길들이는 행위이다. 돈보다 더 효과적인 방법은 없는 것일까? 단순히 바다쓰레기를 사들이는 데 연간 수십억 원을 쓰는 대신에 근본적인 대책을 세우는 것이 합리적이지 않을까 생각한다. 즉, 구체적으로 쓰레기를 발생시키는 어업 형태, 어민 행동, 어업간의 갈등에 대한 연구가 시급하다. 어민들의 의식을 높이는 교육을 실시하고, 어업이나 양식 어구를 교체할 때에 취해야 할 적절한 조처에 대한 지침을 보급해야 한다. 어구를 필요 이상으로 많이 사용하지 않도록 하고, 되도록 오래, 다시 사용하도록 유도한다. 바다쓰레기를 줄이는 일은 보상이나 대가를 제공하기보다 자발적으로 나서게 할 때 훨씬 근본적인 접근이 될 수 있다.

비닐봉투에 숨은 진실

여러분의 부모님이 청소년이었을 때에는 어른들과 함께 시장을 가게 되면 천으로 된 가방이나 보자기, 아니면 장바구니를 꼭 가지고 다녔다. 좌판에서 생선이나 고기를 사면 상인은 물이 흘러 젖지 않도록 신문지나 잡지 찢은 것으로 여러 번 둘둘 말아 장바구니에 담아 주었고, 야채는 흙만 탁탁 털어 담았다. 그렇게 담아 와도 별 탈이 없었다. 요즘처럼 껍질을 벗겨 손질해서 물에 담가 놓거나 비닐포장을 해 놓은 야채는 거의 없었다. 과일도 마찬가지였다. 두부는 쟁반이나 그릇을 미리 챙겨가 담아오곤 했다. 더러워진 장바구니는 탈탈 털어 깨끗이 문질러 빨아 썼다. 그때의 장바구니는 대개 헌 옷가지나 조각 천을 이어 만든 것들이었다.

요즘 대도시에서는 대부분 대형 할인마트에 가서 장을 본다. 최근에는 장바구니를 가져오면 50원씩 보상해 주기 때문에 마지막 계산대에서 사용하는 비닐봉투의 사용량이 줄어든 것으로 보인다. 하지만, 매장 안에 진열되어 있는 상품들을 자세히 살펴보면 대부분 비닐로 포장을 해 놓았다. 조금씩 나눠 살 수 있는 것들은 모두 다 일회용 비닐봉투에 담겨 있거나, 일회용 스티로폼이나 플라스틱 용기에 담겨 비닐 랩으로 싸여 있다. 라면 등 개별 상품을 여러 개 대량으로 묶어 놓은 것들도 마찬가지이다. 동네의 슈퍼마켓이나 재래시장에서는 비닐봉투 값을 요구하지도 않고 무조건 담아 주는 경우가 더 많다.

사정이 이러하다 보니 우리나라 사람들은 한번 시장 볼 때에 갖고 오는 비닐봉투가 약 7~8개 정도이다. 일주일에 2번 정도 장을 본다고 한다면 일주일에 14~16개의 비닐봉투를 사용하는 셈이다. 자의든 타의든 매번 시장을 갈 때마다 비닐봉투를 가져오고, 한 번 쓰고 난 비닐봉투는 다시 사용하기보다는 대개 냄새나는 쓰레기를 담아서 종량제 봉투 안에 쑤셔 박아 버리게 된다. 비닐봉투는 한 번 쓰고 나면 다시 사용하기가 불편하다. 더러운 것이 묻으면 씻어도 잘 씻어지지 않고, 젖으면 잘 마르지도 않을 뿐더러 냄새가 배는 경우가 많기 때문이다. 전 세계적으

△ 버려져 쓰레기가 된 다양한 종류의 비닐봉투들

로는 1년 동안 소비되는 비닐봉투의 양이 5,000억 개에서 1조 개에 이른다고 한다.

미국의 환경청에서 발표한 내용을 보면, 비닐봉투를 생산하는 비용보다 재활용하는 데 쓰이는 비용이 훨씬 더 많이 든다고 한다. 비닐봉투 1톤을 처리하여 재활용하는 데는 약 4,000달러가 들지만, 시장에서 파는 가격은 32달러에 불과하다. 그래서, 전 세계적으로 비닐봉투 중 약 1퍼센트만이 재활용되고 나머지는 매립되거나 소각되고 있다. 비닐봉투는 가볍고 부피가 작아 전 세계 쓰레기 매립장에 들어오는 쓰레기 중 2퍼센트 정도만을 차지하고 있다고 한다. 문제는 부피는 작아도 이 봉투들이 썩지 않는다는 데 있다. 매립장의 일정 공간을 늘 차지하고 있는 셈이다. 봉지 안에 쓰레기를 담아서 버리면 공기가 통하지 않아서 그 안의 쓰레기까지 미생물의 접근이 어려워 썩지 않고 오래가게 된다. 특히, 대부분의 쓰레기를 비닐로 된 종량제 봉투에 담아 버리는 우리나라는 더욱 골칫거리가 아닐 수 없다.

시간이 지나면 빛에 약한 비닐봉투가 너덜너덜해지고 조금 더 시간이 흐르면 조각조각 흩어지기 시작한다. 눈에 잘 안 보일 정도로 작은 조각으로 잘라져 흩어져서 흙과 물속에 섞여 하천으로, 강으로, 바다로 이동한다. 작은 조각을 먹이로 알고 먹는 생물들이 늘어나고, 바람에 날리던 비닐봉투가 새의 날개에 얽히기도 한다. 호주의 해변에서 발견된 죽은 고래의 뱃속에서 수퍼용 비닐봉지, 음식물 포장지, 2미터나 되는 긴 비닐뭉치가 나온 적도 있다.

아일랜드에서는 2002년부터 비닐봉투세를 부과하기 시작했다. 소비자들이 계산대에서 비닐봉투를 사서 물건을 담아가도록 한 것이다. 돈을 덜 내기 위해서라기보다 취지가 좋아서 많은 아일랜드 국민들은 이 운동에 동참하여 비닐봉투의 사용량을 90퍼센트나 줄이는 획기적인 성과를 걷었다. 비닐봉투를 제조하는 업자들이나 이런 세금 때문에 수입에 지장이 생기는 상인들은 강력하게 반대했지만, 아일랜드 정부는 의지를 갖고 강력하게 이 정책을 추진했다. 이렇게 모아진 세금으로는 환경정책 집행과 정화 프로그램에 사용하고 있다. 비닐봉투 대신 종이봉투를 사용해도 세금을 부과한다. 종이봉투가 비닐봉투보다는 환경에 피해를 덜 주기는 하지만 종이봉투를 제작, 운송하는 과정에서 비닐봉투 생산보다 더 많은 온실가스를 배출하는 것으로 알려졌기 때문이다. 물론, 아일랜드는 거의 모든 가게들이 전산망으로 연결되어 있어서 계산대에서 비닐봉투를 판매하는 실적이 바로 집계되므로 탈세할 걱정이 없고 세금을 징수하는 데 큰 수고도 들지 않았다. 비닐봉투를 쓰지 못하게 함으로써 사람들의 의식과 행동을 바꾼 아일랜드의 사례는, 우리 스스로 다시 한 번 비닐봉투의 사용에 대해 깊이 생각해 보게 한다.

어떤 방법을 쓰더라도 한 번 사용하고 난 비닐봉투는 골칫거리이다. '인류 최악의 발명품'이라는 오명을 얻은 것도 바로 이런 이유 때문이다. 가장 좋은 방법은 사용 자체를 줄여나가는 것이다. 비닐봉투는 석유를 처리하는 과정에서 나오는 나프타를 원료로 만든다. 국제 원유 값이

오르면 석유를 원료로 하는 플라스틱 제품과 비닐봉투 값도 오를 수밖에 없다. 중국은 베이징올림픽을 계기로 전국 슈퍼마켓에서 무료로 제공하던 비닐봉투를 유료로 전환했다. 이로써 매년 3,700만 배럴의 기름을 아낄 수 있게 될 것이라고 한다.

우리나라도 비닐봉투 대신 천으로 된 시장 가방을 사용한다면, 한 가정에서 일주일에 14개 이상의 비닐봉지를 절약할 수 있다. 1달이면 56개, 1년이면 672개가 된다. 한 가정의 주부가 30년간 장을 본다고 가정했을 때 평생 20,160개의 비닐봉투를 사용하게 되므로 장바구니를 사용하면 이만큼의 비닐봉투를 줄일 수 있다. 5명 중 단 1명만이라도 장바구니를 항상 사용한다면 그 수는 어마어마해질 것이다. 한 사람의 참여가 지구의 미래를 바꿀 수도 있다.

보이지 않는 쓰레기

오랜만에 찾은 바닷가에서 해안가로 밀려온 쓰레기를 보게 되는 것은 결코 유쾌한 경험은 아니다. 생김새도 다양하고, 버린 사람도 가지각색인 바닷가의 쓰레기들이다.

보기 흉하고 지저분한 것들은 무시하고 좋은 풍경만 골라서 보면 그만이지 하는 생각을 하는 사람도 있을 수 있다. 하지만, 조금만 깊이 들여다보면 또 다른 사실이 우리를 기다리고 있다.

바닷가에서 우리가 마주치는 쓰레기는 사람들이 만들어서 쓰고 버린 것들이다. 일상생활을 하면서 우리가 사용하고 있는 물건들을 찬찬히 둘러보자. 여름 무더위에 누구나 하나씩 들고 다니는 플라스틱 생수병, 초등학생들도 하루에 한 번은 꼭 그 앞에 앉아 사용하는 컴퓨터, 아침식사로 계란부침을 해 먹는 프라이팬, 항상 마셔대는 음료수의 깡통 등등 일일이 열거하자면 끝도 없는 생활용품들이다. 이들은 자연이 우리에게 준 것이 아니라, 인간이 생활의 편의를 위해 만들어 낸 것 들이다.

그런데, 사람들은 이런 것들을 만들어 낼 때 우리 눈에 보이지 않는 물질들을 첨가한다. 생수와 음료를 담는 플라스틱 병에는 플라스틱의 유연성을 높이기 위해 첨가하는 가소제로 탈산염phthalate이 들어간다. 컴퓨터를 포함한 대부분의 전자제품 외장 플라스틱에는 화재의 발생을 지연시키는 난연제가 들어가 있다. 프라이팬에는 음식이

눌어붙지 않도록 하기 위해 과불화화합물이 코팅되어 있고, 음료수 캔에는 깡통의 부식을 막기 위해 에폭시수지가 코팅된다. 이렇듯 이름을 외우기도 쉽지 않은 해로운 화학물질들이 우리가 늘 사용하는 대부분의 물건에 많이 포함되어 있다.

여기서 열거한 것은 빙산의 일각이다. 쉽게 생각하면 유리와 돌 정도를 제외하고 우리가 슈퍼마켓에서 사는 제품에는 하나 이상의 화학물질이 첨가되어 있다고 보면 틀리지 않는다. 그렇다면 나무로 된 것도 그럴까? 가공된 목재에도 유독성 방부제가 많이 뿌려진다고 한다. 첨가되는 화학물질이 인체 건강이나 생태계에 무해하다면 큰 상관이 없겠지만 사실은 그 반대이다. 우리가 첨가하는 화학물질은 극히 일부를 제외하고는 자연계에 존재하는 천연물이 아니라 인간이 합성해 낸 것들이다. 제품을 생산할 때에 사람의 건강이나 생태계에 미치는 영향보다는 생산가를 얼마나 낮출 수 있느냐를 먼저 따진 결과이다.

쓰레기에 포함되어 있는 화학물질들은 물질에 따라서 가지각색의 독성을 띤다. 이들은 바로 생물을 헤치지 않는 대신 서서히 영향을 주기 때문에 알아채기가 쉽지 않아 더 위험하다. 쓰레기에 포함된 화학물질은 천천히 물과 공기 중으로 빠져 나간다. 이런 화학물질은 생물의 몸에 있는 지방을 좋아해서 일단 생물의 몸 안으로 들어가면 계속 쌓이게 되어 그 양이 점차 늘어난다. 그리고, 생물의 먹이사슬을 따라 물고기에서 바닷새에게로, 다시 고래로 옮겨갈수록 몸 안에 쌓이는 양이 늘어나 물에 녹아 있는 양보다 백만 배도 넘게 된다. 이것은 결국 바다에서 잡은 해산물을 먹는 순간, 먹이피라미드의 맨 위를 차지하고 있는 인간인 우리의 몸속으로도 들어오게 된다.

우리가 일상생활의 편리함을 위해 만들어 사용한 것이 자연을 망친 후에 다시 우리에게로 되돌아온 것이니 누구를 원망할 수 있겠는가? 자업자득이요, 공평한 세상의 이치이다. 이 책을 읽는 순간 여러분도 주위를 한 번 둘러보자. 내가 지금 무엇에 둘러싸여 있는지……. 어느 누구도 나와는 상관없다고 단언할 수 없을 것이다.

안녕?

나는 캘리포니아에 사는 매디슨 페든이야. 우리 가족은 아빠 찰스, 엄마 헤이디, 여동생 마야와 나 이렇게 네 명이야. 우리는 매일매일 바닷가에 가서 특별한 것을 찾아.

엄마와 아빠는 연애할 때에 취미로 바닷가에서 신기한 물건을 찾곤 했었다는데 이제는 아예 직업이 되었어. 사람들은 우리를 '비치코머 가족'이라고 불러. 난 열네 살이지만, 이 직업이 아주 마음에 들어. 그러니, 당연히 '리틀 비치코머'지.

바다유리사람들이 버린 유리병이 바닷가에서 깨져 파도와 바닷가 바위나

● beach comber
1 (해변에 밀려오는) 큰 파도, 놀
2 해변에서 (난파선 등의) 물건을 줍는 사람; (특히 남태평양 제도의) 백인 부두 부랑자
*비치코머를 직업으로 하고 있는 미국의 한 특별한 가정의 이야기를 인터넷에서 접하고 청소년의 입장에서 각색한 글입니다.

자갈에 부딪치고 점점 닳아 둥글게 변한 것는 내가 제일 좋아하는 것인데, 깨진 유리조각이라고는 믿어지지 않을 정도로 예뻐. 이것으로 보석 대신 반지나 목걸이 같은 장신구를 만드는 사람들도 있어. 조개껍질이나 유목나뭇가지나 통나무가 파도와 바위 등에 부딪쳐 부드럽게 닳은 것도 멋있어.

캘리포니아 북부 해변은 바위와 자갈이 많은데, 그런 곳에 귀한 물건도 많아. 아빠는 바위투성이 해안에 접근하기 위해 높은 곳에서 자일을 타고 내려가는 위험한 일도 가끔 하셔. 난 아직 어려서 그렇게 하지는 않고 바닷가를 훑는 일만 해.

초창기 비치코머들은 난파선에서 떠내려온 물건들을 주워다 팔기도 했대. 넝마주이처럼 별로 인식이 안 좋았던 것 같아. 전에는 금속탐지기를 이용해서 잃어버린 동전이나 시계 같은 걸 찾아주는 사람들을 가리키기도 했어. 하지만, 지금은 바닷가에서 해류를 타고 먼 대륙에서

△ 바다유리

△ 조개껍질

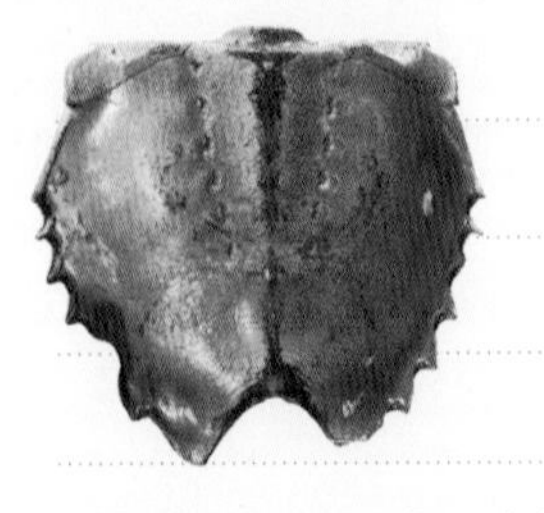
△ 비치코머가 주워 모은 조개껍질

온 동식물도 발견할 수 있어서, 일부러 '비치코밍 체험활동'을 신청하는 사람도 늘어나고 있어. 생각의 폭을 넓혀 주기 때문이지. 바닷가로 직접 나가서 멋진 물건들을 찾는 체험활동을 사람들은 아주 흥미 있어 해. 아빠는 이 일을 하시다가 동물들과 대화하는 능력까지 생기셨어. 동물 통신사라고나 할까?

작년에 캘리포니아 산타쿠르즈에서 '바다유리 페스티벌'이 열렸는데 우리 가족이 부스 하나를 맡았어. 우리가 바닷가에서 주워 모은 예쁘고 귀한 물건들을 전시해 놓고 팔기도 하고 기념품으로 나눠 주기도 했어. 이 페스티벌에서 내가 모은 유리에 엄마가 구멍을 뚫어 은으로 장식한 목걸이와 귀걸이를 팔아서 한 백 달러쯤 벌었어. 대단하지?

아빠는 진귀한 바다유리, 도자기 조각, 보석을 전시하셨어. 아빠가 아주 귀하게 여기시는 게 있는데, 전기가 처음 발명될 때 쯤 사용했던 유리병이래. 이 병은 두께가 두껍고 색깔은 은은한 푸른색인데, 조각난 것들도 아주 멋있어. 아빠가 태어나기도 훨씬 전인 1800년대에 쓰던 거라 소중하게 다루시는 물건들이야. 이런 것은 팔지 않고 전시만 해. 오래된 중국의 도자기 조각이나 가끔 발견되는 작은 유리병도 나는 멋있는 것 같아.

△ 비치코머가 주운 씨앗

올해는 델라웨어에서 축제가 열렸는데 더 많은 사람들이 참가했어. 내가 얼마나 벌었을까, 궁금하지? ㅋㅋ

드넓은 해변에서 무엇을 발견하게 될까, 잔뜩 기대를 갖고 찾아다니다 보면 시간 가는 줄 몰라. 좀 특이한 물건이라도 발견하게 되면 진짜 보물을 찾은 것처럼 기뻐. 그런 물건들을 모아 전시해 놓으면 박물관을 차린 듯 뿌듯해. 너희도 함께 해보지 않을래?

2008년 11월 15일

캘리포니아 반달만에서 매디슨이

바다쓰레기의 아름다운 변신

| 만들기 재활용 |

바닷가에 뒹구는 쓰레기들이지만 그 중에는 잠깐 사람 손을 거치면 새로운 작품으로 변신하는 것도 있다. 특이한 재료도 구하고, 바다의 쓰레기도 치우고, 다 함께 동참해 보면 좋을 것 같다.

바닷가에 있는 모든 물건이 재료

바닷가에서 볼 수 있는 모든 쓰레기를 다 재료로 사용할 수 있다. 덤으로 조개껍질, 파도에 쓸려 자연스러운 모양으로 다듬어져 바닷가를 뒹구는 나뭇가지유목도 좋은 재료가 된다. 모래나 갯벌로 된 해변보다는 자갈로 된 바닷가에서 재료를 다양하게 구할 수 있다. 사람들이 아주 많이 몰리는 유명한 해수욕장은 피하는 게 좋다. 언제나 대기하고 있던 해수욕장 관리인들이 늘 깨끗이 청소를 해 버려 재료를 구하기 힘들다. 인터넷으로 자갈 해변 또는 몽돌해변을 검색하면 도움을 받을 수 있다.

참고로 자갈 해변은 전국에서 거제도가 가장 많다. 거

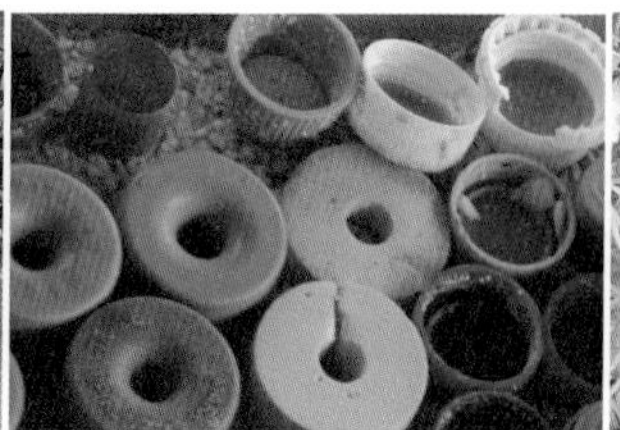

△ 만들기 재료가 될 만한 바다쓰레기들

제도의 자갈 해변을 몽돌해변이라고 하는데, 이 몽돌을 함부로 가져가 재료로 사용했다가는 큰 코 다친다. 벌금이 무려 100만 원이나 된다. 수석壽石 자연의 아름다움과 오묘함을 품고 있는 작은 돌 수집가들이나 일반인들이 예쁘다는 이유로 몽돌을 마구 가져가는 바람에 수천 년 걸려 만들어진 몽돌이 점점 사라져서 보호하고 있기 때문이다.

쓰레기의 대변신

재료에 따라 얼마든지 다양한 작품이 나올 수 있다. 바닷가에서 주워 온 것들을 모아 놓고 상상력을 발휘해 보자. 우선 작은 것부터 시작하면 냉장고에 붙이는 메모 자석이나 액자를 만들 수 있다. 모아 놓은 재료의 양이 충분하다면 크기가 큰 작품에도 도전할 수 있다.

▣ 냉장고 자석 만들기

• 재료 준비: 동글동글하게 잘 다듬어진 바다유리, 동전 모양의 자석, 조개껍질, 유목(쓰레기는 아님), 공작용 눈(문방구에서 구입), 글루건, 골판지, 가위나 칼

• 재료 손질: 정처 없이 바닷가를 나뒹굴던 것들이라 해조류나 모래, 따개비 등이 붙어 있는 경우가 많다. 따개비나 석회관지렁이 등이 너무 많이 붙어 있는 것은 피한다. 언뜻 보기엔 죽은 생물들인 것 같지만, 단단한 껍질 속에 숨어 있어 재료로 사용했을 경우 나중에 썩어서 냄새가 날 수도 있다. 주워온 재료는 먼저 잘 씻어 충분히 말린다.

△ 냉장고 자석

• 만들기: 골판지를 사방 3센티미터 정도 크기로 자른다. → 바다유리나 조개껍질 등을 적당히 골판지 위에 배열하고 공작용 눈을 붙인다. → 글루건으로 골판지와 자석을 붙이면 완성이다.

△ 바다쓰레기를 재활용하여 만든 스탠드.

△ 쓰레기를 이용해 만든 작품들

▣ 액자꾸미기

• 재료 준비: 동글동글하게 잘 다듬어진 바다유리, 조개껍질, 유목, 안 쓰는 액자틀

• 재료 손질: 씻어서 잘 말려둔 재료를 크기와 모양별로 분류한다.

• 만들기: 액자의 가장자리를 여러 가지 재료를 이용해 예쁘게 꾸민다. → 글루건을 이용하여 큰 재료부터 붙이고 나머지 재료로 빈 공간을 채우는 방식으로 진행한다. → 재료가 떨어지지 않도록 꼼꼼하게 붙이면 완성이다.

| 산업적 재활용 |

어업용 스티로폼 부표의 재탄생

바다에서 양식할 때에 쓰는 스티로폼 부표는 못쓰게 되면 바로바로 수거해야 한다. 잠깐만 방치해도 영원히 돌이킬 수 없는 악행을 저지르는 쓰레기로 돌변하기 때문이다. 수거한 스티로폼 부표는 표면에 붙어 있는 부착성 생물들을 잘 떼어 낸다. 소금기를 씻어내고 잘게 부순 다음 열을 가해 부피를 60분의 1 이하로 압축하여 '플라스틱 잉곳Ingot, 압축덩어리'을 만든다. 이것은 플라스틱의 원

△ 버려진 스티로폼 부표를 재활용해 만든 플라스틱 원료인 플라스틱 잉곳

료가 되므로 플라스틱 제품으로 재활용되는 셈이다.

수명이 다한 FRP 선박의 재활용

섬유강화플라스틱Fiberglass Reinforced Plastics, FRP은 강철보다 단단해서 자동차, 항공기, 건축내장재 등에 다양하게 사용되고 있다. 마음대로 조형이 가능하고 주문하는 대로 제작이 가능하여 1970년대 후반부터 선박을 만드는 원료로도 널리 보급되어 왔다. 하지만, 구성성분의 3분의 1이 유리섬유로 되어 있어서 해체할 때는 환경에 피해를 주기 때문에 폐기물업체에서 처리를 꺼려한다.

한국해양연구원 해양시스템안전연구소에서 2005년부터 이러한 선박을 절단, 분쇄하는 과정에서 해로운 먼지가 발생하지 않도록 유리 성분을 추출하는 방법을 개발하기 시작하여 현재는 안전한 처리와 재활용 기술 개발을 완료하여 실용화를 추진하고 있다.

놀며 배우는 바다쓰레기

쓰레기 문제의 가장 근본적인 대책은 사람들의 인식이 바뀌어야 하는 것이라고 이미 앞에서 이야기했다. 육상의 일반 쓰레기에 관한 교육 자료나 체험 공간, 체험 프로그램 등은 상당히 확산되어 있다. 생활과 밀접한 만큼 많은 사람들이 중요하게 생각하는 환경문제로 자리 잡아가고 있다. 하지만, 바다쓰레기 문제는 바다라는 공간에 쉽게 다가가지 못하고, 그 안에서 어떤 일이 발생하는지 제대로 알지 못할 뿐더러 이 문제를 대중들에게 알리는 일을 하는 사람도 매우 적어 여전히 사람들의 관심밖에 머물러 있다. 일상생활과 아무 관계가 없는 문제인 것처럼 여겨지다 보니 특히 청소년이나 어린이를 위한 교육공간이 우리나라엔 거의 없다. 바다를 오염시키는 여러 가지 것들 중의 하나로 바다쓰레기를 전시해 놓는 정도에 머물러 있다.

보다 많은 사람들에게 이 문제를 알리기 위해 다큐멘터리를 제작하거나 교육 프로그램을 만들어 보급하고, 교재나 각종 홍보자료를 배포하는 등의 다양한 시도를 하는 중인데 그중 하나가 바다쓰레기 체험 공간 꾸미기이다. 바다쓰레기를 주제로 놀면서 배울 수 있는 곳이 몇 군데 있는데 이곳에 직접 찾아가 보자.

| 통영 수산과학관 |

경상남도 통영의 수산과학관을 방문하면 바다쓰레기 문제를 체험하며 놀 수 있는 특별한 공간이 마련되어 있

△ 통영 수산과학관에 설치되어 있는 바다쓰레기 체험 공간

다. 바다쓰레기를 주제로 놀면서 배우는 국내 유일의 공간이다. 원래 휴게 공간으로 비워 두었던 곳을 바다쓰레기 체험 공간으로 꾸몄다. 이곳에 가면 '주사위놀이', '자석 퍼즐', '돌림판놀이' 등 어디서도 볼 수 없는 특별한 교구가 있어 즐기는 동안 바다쓰레기에 대한 경각심과 환경보호 의식을 키울 수 있다.

주사위놀이: 두 팀으로 나눠 커다란 게임판 위에 주사위를 던지면 게임이 시작된다. 세모, 네모, 둥근 얼굴의 주인공 3명이 엽기 돼지와 함께 바다로 놀러 가는데, 어떤 일이 벌어질지 자못 궁금하다. 바다 환경에 도움이 되는 행동을 한 주인공은 누굴까? 주사위로 하는 보드게임 '통영바다 놀러가기'에 참여해 보자.

자석 퍼즐: 벽면에 설치된 자석 퍼즐은 하나하나 맞추어

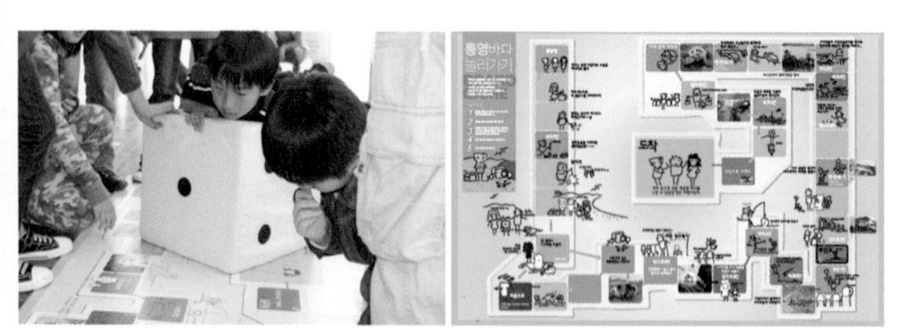

△ 바다쓰레기 체험 공간 바닥에 설치된 주사위놀이 보드 게임판(120cmx180cm)

△ 왼쪽 자석 퍼즐 오른쪽 둥근 판을 밀어 올리면 순위를 알 수 있는 돌림판

가다보면 우리가 무심코 버린 쓰레기가 바다로 들어가 바다생물에게 어떤 피해를 주는지 구체적으로 알 수 있다.

돌림판놀이: 우리나라 전국의 해변에서 가장 많이 발견되는 쓰레기는 무엇일까? 통영바닷가에는 어떤 쓰레기가 많을까? 돌림판을 밀어 올리면 우리가 어떤 쓰레기를 버리는지 정확한 정답을 확인할 수 있다.

교재 『지구를 살리는 행동』: 무료로 제공하는 교재에는 통영바다의 아름다움과 가치, 바다쓰레기로 인해 고통 받는 생물들의 사진, 생활 속 쓰레기가 얼마나 나오는지 스스로 확인할 수 있는 실천표 등이 담겨 있다. 뒷면에는 주사위 판이 인쇄되어 있

△ 무료교재

△ 학생들이 바다쓰레기로 만든 작품

어 집에 돌아와서도 보드게임을 즐길 수 있다.

예쁜 작품 전시: 과학관 한 켠에는 통영 시내 한 중학교 여학생들이 미술시간에 바다쓰레기를 이용하여 직접 만든 재활용액자 등을 함께 전시하고 있다. 가족 단위 방문객, 어린이, 청소년, 단체관람객 들도 자유롭게 설치된 시설들을 만지고 조작하며 놀 수 있다.

| 바다쓰레기 시상대 |

통영 미륵도 남쪽에 있는 3.8킬로미터에 이르는 자전

거 전용 해안도로에 가면 바다쓰레기, 해양 지질, 기후 변화, 해안선 보전, 해양 안전, 수산양식, 지명 유래, 해양동식물 등 통영바다에 대해 배울 수 있는 체험교육용 안내판을 설치해 놓았다. 바다쓰레기 1-2-3코너는 체육대회 시상대에서 착안하여 미륵도 앞바다에서 가장 많이 발견된 바다쓰레기 1, 2, 3위가 무엇인지를 확인하고 시상대에서 기념사진을 찍을 수 있는 코너이다. 안내 센터에는 가이드북을 비치해 놓아 단체 또는 가족단위로 해안도로를 따라가며 통영 바다에 대한 다양한 주제를 접할 수 있다.

바다는 세계 공용, 국경 없는 바다지킴이들

4부

의식 있는 시민으로 거듭나기

함께하면 즐거움, 남겨 두면 괴로움

방학이나 주말이 되면 우리나라 전국의 산과 계곡, 그리고 바다는 알록달록 차려입은 사람들로 모자이크된다. 특히 여름방학과 휴가철에는 바다로 나가려는 사람이 산이나 계곡을 찾는 사람들보다 훨씬 그 수가 많다. 이들이 가장 하고 싶은 활동으로 해수욕과 수영을 꼽는다. 여름 한 철 우리나라 전체의 해수욕객은 연인원으로 약 7,000만 명에 이른다. 이 중의 절반이 한 군데 해수욕장으로 몰려간다. 바로 부산의 해운대해수욕장이다. 2008년 여름 두 달 동안에도 연인원 3,400만 명이 놀고 갔다. 이 해변의 청소를 맡고 있는 환경미화원 30명이 여름 동안 수거한 쓰레기가 240톤이었다. 피서객 한 사람이 매일 500밀리미터 생수병 1개 정도 분량의 쓰레기를 배출한 셈이다. 이렇게 계산해 보면 아주 적은 양인 것 같지만, 이것을 아무 데나 버려 환경미화원이 치워야 한다고 했을 때에 환경미화원 한 사람이 하루에 6,700개의 병을 치워야 된다. 1톤 트럭 1대가 넘는 분량이다.

해운대해수욕장에서 가장 많이 나오는 쓰레기는 맥주 페트병과 소주병, 음료수 페트병이다. 2008년 우리나라에서는 처음으로 해운대구청이 해수욕장에서 담배피우는 것을 금지시켰지만, 여전히 담배꽁초가 넘쳐났다. 해변까지 배달하지 못하도록 한 통닭 쓰레기도 한가득 나왔다. 먹다 남은 수박과 컵라면 용기는 물론이고 입고 신었던 수영복, 모자, 운동화까지 모래 속에 묻어 버리고 가는 사람도 많다. 모두 다 자기 쓰레기를 나 몰라라 하는 행동 습관과 시민의식의 부재 때문이다. 비단 해운대만이 아니라 전국의 모든 해수욕장마다 쓰레기 문제는 큰 골칫거리이다.

2008년 충남 보령의 무창포해수욕장에서 재미난 일이 있었다. 이 지역에서 해수욕장의 물놀이 안전을 위해 인

△ 왼쪽 무창포해수욕장에서 배포한 쓰레기봉투 오른쪽 무창포해수욕장에 걸린 쓰레기 되가져오기 현수막

명구조센터를 10년째 자발적으로 운영해 오고 있는 한국해양구조단 보령지역대가 피서객들이 스스로 쓰레기를 안 버리게 하고, 버린 것은 줍도록 하기 위해 새로운 아이디어를 냈다. 우선 「되가져오는 내 쓰레기, 되살아나는 우리 바다」라고 적힌 스티커를 붙인 50리터짜리 쓰레기봉투를 많이 준비해 두었다. '피서객들이 이 봉투에 쓰레기를 가득 담아 오면 보령의 특산품 중의 하나인 머드비누를 1개씩 기념품으로 주거나, 학생들이 가져왔을 경우에는 자원봉사활동 확인서를 발급해 준다'는 내용의 현수막을 3개나 내걸고 부지런히 안내방송을 했다.

처음에는 별일 아닌 듯 무관심하던 사람들이 하나둘 찾아오기 시작했다. 행사를 시작한 지 이틀만에 사람들이 몰려들어서 피서객들이 주워온 쓰레기봉투가 매일 수십 포대씩 쌓여 갔다. 비누를 가져가는 것보다는 자원봉사활동 확인서가 더 인기를 끌었다. 쓰레기를 주워 오는 사람들도, 그 봉투를 확인하고 비누나 확인서를 발급해 주는 구조대원들도, 해변의 환경미화원들도 모두 보람차고 환한 얼굴이었다.

이미 우리는 2002년 한 · 일 월드컵이 개최되는 동안 축구경기가 끝난 후에 다함께 주변에 흩어진 쓰레기를 청소하는 '클린업 타임'을 가져 큰 효과를 본 경험이 있다. 이것을 전국 해수욕장에 적용해 보면 어떨까? '해수욕장 클린업 타임'.

함께하면 즐겁고 남겨 두면 괴로움이 된다. 이것 외에도 해수욕장에서 피서객들이 함께 쓰레기도 치우고 보람도 느낄 수 있는 좋은 아이디어가 있으면 관련단체나 기관(http://www.osean.net 등)의 게시판에 올리면 좋겠다.

재미도 살리고 환경도 살리는 바다낚시법

우리나라 국민들의 소득이 늘어나고, 주5일근무제가 정착되면서 다양한 문화 및 레저 활동에 대한 관심과 욕구가 높아지고 있다. 서해안 고속도로, 대전-통영간 고속도로, 부산 신항만 등 도로와 항만시설이 확충되면서 해양 관광자원에 쉽게 접근할 수 있게 되어 해양 관광을 즐기는 사람들의 수는 더욱 늘어날 전망이다.

바다낚시는 해수욕과 더불어 가장 전통적이고 대중적인 해양 레저 활동으로 자리 잡고 있다. 낚시 동호인의 수가 무려 600만 명으로 추정되며, 그중 바다낚시를 즐기는 사람이 200만 명에 이른다. 이들은 내수면 저수지나 바다 갯바위에서 낚시를 하면서 그들의 문화적 욕구를 충족시키고 있다. 하지만, 내수면 낚시에 비해 바다낚시는 암초나 갯바위 등 해저지형의 복잡성, 조류의 이동 등으로 낚시용품을 잃어버리기 쉽다. 물고기를 유인하는 집어제나 밑밥 등은 쉽게 확산되기 때문에 필요한 양보다 훨씬 더 많이 무분별하게 바다에 뿌리는 경우가 대부분이다. 의도하지 않고 무심코 하는 이런 행동들이 환경을 더럽히고 자원을 함부로 소비하는 행위가 된다. 우리 스스로 감시자가 되어 잘못된 행동을 고쳐나가, 낚시의 재미를 즐기면서도 환경 피해는 최대한 줄이는 환경낚시법을 한번 생각해 볼 때이다.

1. 낚시하던 중에 생긴 쓰레기는 꼭 되가져온다.

바다낚시는 대개 바위해안, 방파제 등에서 한다. 길이 없어 배로 접근해야 하는 갯바위 낚시도 있다. 도로, 화장실, 쓰레기통, 식당 등 기반시설이 없는 곳에서 주로 이루어지기 때문에 낚시를 시작하기 전에 여러 가지 챙겨야 할 것들이 많다. 이때 꼭 쓰레기봉투도 챙겨가도록 한다. 낚시하는 근처에는 쓰레기통이 구비되어 있지 않은 곳이 많다. 더구나, 인적이 드문 외진 곳이라 쓰레기를 버려 놓아도 사람들 눈에 잘 띄지 않을 뿐더러 따로 치우는 사람도 없기 마련이다. 미리 챙겨가지고 간 쓰레기봉투에 자신의 쓰레기를 담아오는 것을 습관화하는 것이 좋다.

그런데, 대부분의 낚시꾼들은 이런저런 이유로 바닷가 바위틈이나 풀숲, 심지어 바다 한가운데에 담배꽁초,

△ 왼쪽 부산 방파제에서 낚시하는 사람들 오른쪽 낚시꾼들이 버린 음식물찌꺼기, 병뚜껑, 로프 등이 흩어져 있는 갯바위

라면봉지, 종이컵, 나무젓가락, 먹다 남은 음식, 쓰고 남은 미끼 등을 그대로 버리고 온다. 비닐 같은 쓰레기는 바람에 쉽게 날려 대부분 바다로 떨어지기 때문에 그대로 바다쓰레기가 되고 만다. 음식물처럼 썩는 쓰레기는 결국 없어지니까 그냥 바다에 버리거나 땅에 묻어도 괜찮다고 생각하기 쉽다. 바다는 혼자만 이용하는 곳이 아니다. 내가 버린 음식이 썩기 전에 다른 사람들이 같은 장소를 찾아와 즐긴다는 사실을 생각해야 한다. 기분을 전환하러 놀러간 바닷가에서 음식물 썩는 냄새만 맡다가 온다면 유쾌한 기분일 수 없을 것이다. 특히, 바닷물이 잘 흐르지 않고 섞이지 못하는 곳에 음식을 버리면 그 자리에서 썩게 된다. 이런 곳에는 절대 버리면 안 된다. 나 혼자만의 편리함 때문에 주변을 더럽혀서 다른 사람의 즐거운 기분을 망치거나 주변 환경에 피해를 주는 행동은 이제 스스로들 삼가는 게 좋겠다.

2. 사용한 낚싯바늘은 위험하므로 잘 챙겨 되가져온다.

낚시한 뒤 마구 버려진 날카로운 낚싯바늘은 사람이나 동물들에게 큰 위협이 된다. 2006년 9월 강화도에서는 괭이갈매기가 부리에 낚싯바늘이 꽂혀 죽은 채 발견되었

△ 바닷새뿐만 아니라 육상의 비둘기까지 피해를 당했다. 비둘기 발에 걸린 낚싯줄을 제거해 주고 있는 모습(경남 사천시 삼천포 노산공원)

다. 2007년 11월 전라남도 소흑산도에서 잡힌 갈매기의 뱃속에서 낚싯바늘이 나온 적도 있었다. 낚싯바늘은 눈에 잘 띄지 않고 잘 떨어져 나가 일회용처럼 사용하는 경우가 많아 매우 위험하다. 사용한 만큼 꼭 되가져오는 것을 습관화해야 한다.

3. 낚싯줄이 끊어지거나 엉켰을 때는 그냥 버리지 말고 꼭 챙겨 온다.

누구나 종이 가장자리에 손을 베어본 경험이 있을 것이다. 낚싯줄도 별로 위험할 것 같지 않지만, 실제로는 바다생물의 신체에 큰 상처를 낼 수 있다. 쉽게 엉키는 특성 때문에 심할 경우에는 다리 등 신체의 일부가 잘리기도 한다. 낚싯줄은 반투명하여 눈에 잘 띄지 않아서 사용한 사람이 아니면 줍기도 어렵다. 해변에서 발견되는 낚시 관련 쓰레기 중 낚싯줄이 가장 많은 양을 차지한다. 사용한 사람이 잘 챙겨온다면 문제는 쉽게 풀린다.

미국에서는 '모노필라멘트 낚싯줄Monofilament fishing

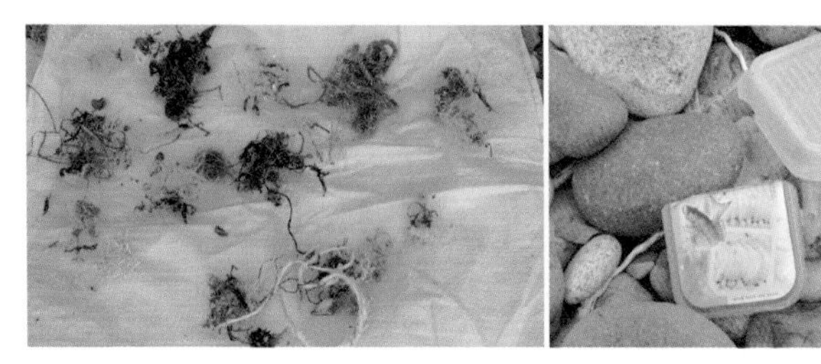

△ 왼쪽 부산 몰운대 해변에서 발견된 낚싯줄 오른쪽 바닷가에서 흔히 발견되는 미끼통

line'이라고 불리는 종류를 되가져와 분리수거하는 시민운동을 벌이고 있다. 선착장이나 낚시용품점에 수거함을 비치해 놓고, 수집한 낚싯줄로 다른 낚시용품을 만들거나 플라스틱의 원료로 재활용한다. 우리나라에서도 낚싯줄을 되가져와 분리 배출한 다음 새로 구입하는 습관이 필요하다.

4. 미끼통은 되가져와 분리 배출한다.

낚시를 갈 때면 항상 낚시용품점에 들러 미끼를 산다. 미끼를 담은 하얀 플라스틱 통은 일회용으로 낚시가 끝나고 나면 대개 그냥 버려진다. 바닷가에서 발견되는 낚시 관련 쓰레기 중 미끼통이 낚싯줄 다음으로 많다. 부피가 작아 되가져와 가정에서 분리 배출하기 쉬운 항목이다. 작은 관심만 기울여도 줄일 수 있다.

△ 거제도 신촌 해안에서 발견된 윤활유병

5. 윤활유통은 사용한 뒤 꼭 뚜껑을 닫아서 되가져온다.

섬이나 갯바위로 낚시를 하러 가는 사람들은 대개 낚싯배를 빌려 낚시장소까지 이동하는데, 보통 엔진이 밖으로 드러나 있는 소형 선외기 선박을 이용한다. 이 선외기에는 주로 2기통 엔진Two cycle engine을 사용하는데, 연료에 윤활유엔진오일를 섞어서 사용해야 한다. 소형 모터사이클, 모형 동력 비행기 또는 모터, 소형 발전기 등에도 이런 엔진을 사용하는 경우가 많다.

바닷가에서 많이 발견되는 것 중의 하나가 파란색 또는 회색의 윤활유 병이다. 연료의 20~30퍼센트에 해당하는 윤활유를 섞어 주어야 하기 때문에 한 번 바다에 나갈 때마다 윤활유 병을 여러 개 가지고 간다. 휘발유통은 재사용하곤 하는데 윤활유통은 거의 일회용으로 쓰고 바로 버려진다. 윤활유통에 조금이라도 남아 있는 윤활유가 바닷물을 오염시킬 수 있으므로 빈 병은 물론 뚜껑까지 잘 닫아서 되가져와 구입처에 반납하도록 한다. 윤활유의 성분에는 독성이 있기 때문에 환경오염뿐만 아니라 바다생물에 치명적일 수 있으므로 바다에 함부로 던져 버리면 절대 안 된다.

6. 크릴 대신 신토불이 낚싯밥을 쓴다.

낚시가게에서 미끼로 1봉지에 1,000~2,000원이면 살 수 있는 크릴새우는 사실 우리나라 주변에서 잡은 것이 아니라, 머나먼 남극해에서 잡아 온 것이다. 4센티미터도 안 되는 작은 새우모양의 크릴은 남극 생태계가 균형을 이루는 데 없어서는 안 되는 존재이다. 멸종 위기에 처한 고래, 바다표범, 펭귄, 앨버트로스 등 크릴을 먹이로 하는 중요한 생물들이 많다.

크릴 어업은 적정한 수준에서 통제되거나 균형 있게 관리되고 있지 못하다. 필요 이상으로 공급되어 바닷가 어느 낚시용품점에서나 흔하고 싸게 구입할 수 있다. 포장단위도 실제 낚시에 필요한 양보다 많아서 일부는 버리는 경우가 허다하다. 그런데, 각국의 연구기관에서는 남극의 크릴 자원

△ 부산 송도의 바닷가에서 낚싯밥으로 크릴을 이용하는 모습

량을 늘리기 위해 고심하고 있는 실정이다. 200만 바다낚시인들이 이러한 점을 자각하고 우리 바다에서 쉽게 구할 수 있는 낚싯밥을 사용한다면 환경은 물론이고 세계의 자원 보전에도 좋은 일이다.

7. 작은 물고기는 바늘을 잘 빼서 산 채로 되돌려 보낸다.

낚시를 하다보면 큰 물고기가 낚일 때도 있지만 아주 작은 녀석들이 겁도 없이 바늘을 덥석 물고 올라오는 경우가 허다하다. 어떤 사람들은 물고기가 덜 다치도록 바늘을 잘 빼서 돌려보내기도 하지만, 대부분은 물고기를 획 낚아채어 버리고는 바늘을 다시 사용한다. 낚시에 걸려 올라왔다고 가져가지도 않으면서 죽여서 함부로 버리는 것은 하지 말아야 할 일 중의 하나이다. 작은 고기를 살려 보내 주면 크게 자라 자원이 되어 우리에게 되돌아온다는 사실을 기억해야 한다.

우리 모두 바다쓰레기 감시자

우리나라 전국 연안의 20곳에서 두 달에 한 번씩 정기적으로 바다쓰레기의 종류, 양, 특징 등을 조사하여 자세

△ 정기적으로 바다쓰레기의 종류, 양, 특징 등을 조사하는 20곳

히 기록하고 사진을 찍어 둔다. 쓰레기의 개수도 세고, 무게와 부피도 기록한다. 이 조사는 2008년부터 2012년까지 5년간 계속된다. 정부에서는 민간단체인 한국해양구조단2010년부터 해양환경관리공단 담당에 이 일을 맡겼으며, 20개 지역민간단체가 현장조사를 담당하고 있다.

매년 홀수달인 1, 3, 5, 7, 9, 11월 말일이면 바다쓰레기 조사팀은 조사물품을 챙겨 바닷가로 나간다. 조사방법 안내서, 사진기, 조사카드, 차트홀더, 줄자, 저울, 쓰레기 봉투, 장갑, 필기도구, 물, 간식, 선크림, 쓰레기 처리담당 기관 연락처 등의 준비물을 빠진 것 없이 모두 꼼꼼히 챙겨서 현장으로 이동한다. 한 번 조사에 10명 정도가 참여하는데 모두 일반 시민들로 환경에 관심있는 자원봉사자들이다. 조사는 매번 같은 방법으로 같은 장소에서 실시한다. 조사대상이 되는 해변의 길이를 100미터로 정해 놓고 매번 그 길이를 지킨다. 폭은 바닷물이 밀물인지 썰물인지에 따라 차이가 날 수 있어서 조사할 때마다 평균 폭을 기록해 놓는다.

조사팀은 해변에 도착하자마자 줄자로 해변 길이를 재어 100미터를 표시해 둔다. 조사할 때마다 똑같은 위치에 서서 조사 전의 모습을 미리 사진으로 찍는다. 조사에 처음 참여한 사람에게는 조사방법 안내서에 있는 내용을 상세히 설명한다. 모든 조사원이 조사방법 내용을 숙지해야만이 항상 같은 방법을 유지할 수 있기 때문이다.

쓰레기를 주워 재질별로 모으기 시작한다. 플라스틱, 스티로폼, 유리, 금속, 종이, 천 등으로 분류해 놓는다. 크

△ 바다쓰레기를 분류하여 조사하는 모습

기가 2.5센티미터 이상인 것은 다 모아야 한다. 쓰레기의 양이 적을 때는 괜찮지만, 어떤 때는 100미터의 해변에서 3,000개가 넘는 쓰레기가 나오기도 한다. 그런 날이면 조사원들은 거의 녹초가 된다. 쓰레기의 양뿐만이 아니라 쓰레기의 종류는 왜 그리 많은지……. 조사카드에 있는 항목만 해도 100가지나 되는 데도 기록을 하다 보면 해당 항목이 없는 것이 많아 곤란할 지경이다.

현장에서 조사하는 것만으로는 부족하여 샘플을 사무실로 가져오는 경우도 많다. 샘플이라 함은 당연히 쓰레기를 말한다. 쓰레기를 가져다가 씻고 말려서 어떤 종류이며, 어떻게 버려졌을지 연구한다. 쓰레기에 씌인 글자,

표시는 물론 생물의 흔적 등 단서가 될 만한 것은 모조리 조사한다. 사진기를 바짝 대고 구석구석 찍어서 증명자료로 남겨 놓기도 한다.

조사한 내용을 기록한 카드에 있는 모든 정보는 조사 책임자가 정리하여 주관 기관에 보낸다. 해당 기관에서는 전국의 자료를 모아 컴퓨터에 일목요연하게 정리한다. 각 쓰레기 항목은 원인에 따라 일상생활에서 나온 것인지, 해변에 놀러온 사람들이 버린 것인지, 어업이나 낚시, 농업 또는 투기 등 원인 활동에 따라 10가지로 분류하여 각각 분석한다. 바다쓰레기가 만들어지는 가장 큰 원인이 무엇인지 찾아내고, 해역 또는 지역마다 어떤 종류들이 주를 이루며, 어떤 시기에 대책을 세워야 효과적일까 하는 것 등을 알아내게 된다.

바다쓰레기 감시자 노릇이 쉽지는 않다. 비가 오나 눈이 오나 날씨에 상관없이, 개인적으로 아무리 급한 일이 있어도 무조건 홀수달 말일을 기준으로 하여 5일 전후로 반드시 현장조사를 해야만 한다. 전국의 조사 결과를 서로 비교, 분석하므로 특정 지역에서만 날짜를 마음대로 바꾸어 조사하면 그 조사의 신뢰도가 떨어져 안 되기 때

△ 해변에 죽은 채 발견된 상괭이

문이다. 태풍이 오거나 비가 많이 오면 낭패가 아닐 수 없다. 그러나, 웬만한 비바람은 그냥 몸으로 맞서며 조사를 진행해야 한다. 간혹 의심을 받는 일도 있다. 바다쓰레기를 감시하거나 조사하면서 바닷가에서 무엇인가를 계속 줍고 기록하고 사진을 찍는 모습이 수상해 보이는지 신고를 하는 사람도 더러 있다. 사람들이 먹나 남긴 음식물이 썩거나 음료수 병에 갯강구들이 들어가 포식을 하다가 빠져나오지 못하고 죽어 참기 힘들 만큼 고약한 냄새를 풍기는 경우도 있다. 아주 가끔은 우리 연안에서는 흔하게 볼 수 있지만 세계적으로는 희귀종에 속하는 '상괭이 Finless porpoise, *Neophocaena phocaenoides*' 라는 돌고래를 만나기도 한다. 깨끗하지 못한 연안에서 쓰레기에 뒤엉켜 죽어 있는 상괭이의 모습은 바다쓰레기 감시자의 마음을 아프게 한다. 해변이 점점 깎여 육지 쪽으로 조사구간의 폭이 좁아지는 경우가 있는 반면, 모래가 두텁게 쌓여 조사해야 할 쓰레기가 모래에 묻혀 버리는 경우도 있다.

바닷가에 있는 쓰레기들은 모두 다 제 갈 곳을 잃은 것들이다. 오지 말아야 할 곳까지 떠밀려온 것이다. 바다쓰레기는 바람이나 해류, 조류의 영향을 받아 해변으로 밀려들었다 빠져나갔다 한다. 같은 장소에서 아무도 청소를 하지 않아도 어떤 때엔 쓰레기가 잔뜩 밀려와 있다가 어떤 때는 휩쓸려 나가 깨끗해지기도 한다. 이렇게 변화 요인이 다양해서 장기적인 조사가 필요하다. 바다쓰레기 감시자의 역할이 그래서 중요한 것이다.

바다는 세계 공용, 모두 함께해요

매년 9월 셋째 주 토요일에는 지구상의 모든 바닷가 해변은 자원봉사자들로 이루어진 띠가 둘러진다. '국제연안정화의 날International Coastal Cleanup'로 알려진 이 날에는 전 세계 약 50만 명이 다 같이 바다로 나간다. 시차는 있지만 날짜는 같다. 알래스카에서 남아프리카공화국까지, 아시아에서 아메리카 대륙을 거쳐 유럽까지 130여 개의 국가들이 참여한다. 특별히 뽑힌 사람들이 아니라 자발적으로 모여든 사람들이 인간띠를 이룬다. 하나로 이어진 바다를 아끼고 보전하려는 마음으로 세계인이 하나가 되는 것이다.

이들이 바닷가에 모여 하는 일은 전 세계에서 똑같다. 바다쓰레기를 줍는 것이다. 하지만, 그냥 청소만 하는 것이 아니다. 모두 다 똑같은 내용의 조사카드를 들고, 바닷가의 쓰레기를 주우면서 어떤 쓰레기가 많이 나오는지 개수를 일일이 세어 기록한다. 쓰레기를 주워 모아 발생 원인별로 구분해서 일일이 기록한다. 바닷속에 잠겨 있는 쓰레기도 마찬가지이다. 스쿠버 다이버들이 쓰레기를 주워 보트나 물가로 가지고 나오면 이들 자원봉사자가 카드에 해당하는 항목을 기록한다. 나라마다 단지 언어만 다를 뿐 기록방식은 같다.

어떻게 이런 일이 가능할까? 미국 텍사스 남페드레이섬 해변을 걷고 있던 한 여인 매러니스Linda Maraniss는 해변에 엄청나게 버려진 쓰레기를 보고 질려 버렸다. 당시 미국의 민간단체인 해양보전센터Center for Marine Conservation의

△ 연안정화의 날 행사에 참석한 학생들

교육담당자였던 그는 당장 무슨 일이라도 해야 되겠다고 생각하고, 어떻게 하면 저 많은 바다쓰레기를 치울 수 있을지 고민했다. 여러 가지를 생각한 끝에 해변에 사람들을 모아 청소하는 행사를 개최했다. 첫 행사에서는 2,800명의 사람들이 해변으로 몰려와 2시간만에 124톤의 쓰레기를 주워 냈다. 이때가 1986년이었다. 그 후로 이 행사는 미국 전역으로 퍼져 나갔으며, 1988년부터는 캐나다와 멕시코가 합류하면서 국제적인 행사로 발돋움하게 되었다. 바다를 산책하던 평범한 한 사람이 바다가 더럽혀지는 것을 보고 안타까운 마음에 바닷가쓰레기를 좀 줄여보겠다는 생각으로 시작한 행사가 20년을 훌쩍 넘겨 올림픽에 버금가는 지구촌의 해양환경축제가 되었다.

사람들은 더러운 바다를 보며 '누가 저렇게 바다를 더럽혔어, 나라에서 법을 만들어 쓰레기 버리는 사람들은 모두 처벌해야 한다'고 생각한다. '세금 거둬서 무엇을 하나, 저런 건 다 치워 내야 하는 것 아닌가'라고도 한다. 또

한, 생각 없이 행동하는 다른 사람들이 문제라고도 한다. 모두 다 맞는 말이다. 하지만, 그런 말들을 백번 반복해 보아도 상황은 변하지 않는다. 우리 바닷가는 어떤 누군가가 깨끗이 청소해 주고 관리해 주는 곳이 아니다. 나는 아무 일도 하지 않고 가만히 있어도 누군가 대신해 주겠지 하는 사이에, 우리 바다는 점점 더 병들어 가고 더러워져 생명을 잉태하지 못하게 된다. 다른 사람이 아니라 나부터, 나 스스로, 나 먼저 나서서 행동하는 작은 실천이 바로 우리 바다를 사랑하는 첫 걸음이 된다.

'국제 연안정화의 날' 행사는 미국의 민간단체인 오션 컨서번시Ocean Conservancy, '해양보전' 이라는 뜻가 전체 행사를 주관하지만, 각 나라마다 행사를 책임지고 주관하는 단체와 코디네이터가 있다. 이들의 역할은 각 국가 안에서 행사를 조직하고 원활하게 진행한 뒤 그 결과를 정리해 보고하는 일이다. 우리나라는 2001년부터 참여하기 시작했고, 2010년부터 국내 행사의 전체 주관은 동아시아 바다공동체 오션에서 맡아 하고, 지역행사는 각 지역별 주관 단체가 진행한다. 행사에 참여하려면 '동아시아 바다공동체 오션'에서 행사지역을 찾아보고 자기가 사는 곳에서 가장 가까운 해변 행사를 주관하는 단체에 연락하면 된다. 또는, loveseakorea@empal.com으로 참가의사를 밝히면 가장 가까운 장소에서 행사를 주관하는 단체와 연결시켜 준다.

세상에서 가장 간단한 바다 환경 보전방법 10

우리가 조금만 신경 쓰면 일반 쓰레기의 양은 물론 바다로 흘러들어가는 쓰레기의 양도 줄일 수 있다. 절대 어려운 일이 아니다. 핵심은 후손들을 위해 한정된 지구 자원을 아끼자는 것과 버려지는 쓰레기는 최대한 적절하게 처리하여 바다의 피해를 줄이고 재활용할 수 있도록 하자는 것이다. 나부터 조금만 신경 쓰면 되는 내용들을 하나씩 짚어 보자. 이 방법들은 한 번 사용하고 버리는 물건이나 포장지의 사용을 줄이는 데 도움이 될 것이다.

1. 일회용 컵 대신 각자 개인용 컵을, 휴지 대신 손수건을, 일회용 생리대 대신 면생리대를, 일반 건전지 대신 충전용 건전지를 사용한다.
2. 재활용할 수 있는 플라스틱, 유리, 종이 등은 잘 분리해 버린다. 쓰레기를 버릴 때는 꼭 쓰레기통에 버리고, 쓰레기통이 없을 때는 집으로 가져와서 버린다.

3. 물건 사러 갈 때에는 천으로 만든 주머니나 가방을 항상 챙겨 간다.

4. 바닷가에 놀러 갈 때는 쓰레기 봉투를 미리 챙겨서 가져가고, 자기 쓰레기는 되가져온다.

△ 갯벌 체험을 한 후 벗어 버리고 간 양말들

5. 갯벌 체험 등 바닷가 체험 활동 후에는 뻘이 묻은 양말, 장갑 등을 되가져온다.

6. 바닷가에서 폭죽이나 화약을 터뜨리거나 풍선을 날리지 않는다.

7. 어른들이 길거리에서, 배에서, 바닷가에서, 또는 낚시터에서 쓰레기를 함부로 버리지 않도록 말씀드리는 환경지킴이가 된다.

8. 해수욕장에서는 어른들과 다 함께 청소하는 시간(해변 클린업 타임)을 갖는다.

9. 바닷가에 쓰레기가 너무 많거나 생물이 쓰레기에 걸려 죽어가는 것을 발견하면 관련단체에 신고한다.

10. 매년 9월 셋째 주 토요일 전 세계 사람들과 함께 국제 연안정화의 날 행사에 참여한다.

내가 버리는 쓰레기는 얼마나 될까?

일주일 동안 내가 어떤 쓰레기를 얼마나 많이 만들어내고 있는지 개수를 일일이 적어 보자. 일주일 동안의 생활을 점검하고 스스로를 평가해서 쓰레기를 줄일 수 있는 여러 가지 방법을 제안해 본다.

쓰레기 종류	내가 만들어 내는 쓰레기 개수							합계
	1일	2일	3일	4일	5일	6일	7일	
플라스틱병								
유리병								
과자/아이스크림 포장지								
비닐봉투								
종이컵								
깡통								
기타								
합계								
스스로 평가한 점수								
환경등급								평균:
다음 목표								평균:

• 쓰레기를 쓰레기통에 제대로 버렸거나 재활용했는지 점검해 환경등급을 매겨 보자.
참 잘했음: 5점 | 잘했음: 4점 | 보통: 3점 | 노력 필요: 2점 | 많은 노력 필요: 1점

※ 지구가 쓰레기로 몸살을 앓고 있습니다. 지구가 편안하도록 생활 속에서 쓰레기를 적게 만드는 좋은 아이디어가 있으면 제안해 주세요.(아이디어 보내줄 곳: 동아시아 바다공동체 오션 홈페이지 www.osean.net)

바다쓰레기 해결을 위한 국제협력

사람들은 바다가 너무 넓고 깊어 그곳에서 생산되는 것들은 끝없이 풍요롭고 넉넉할 줄 알았다. 쓸모없어진 것들, 더러운 것들을 다 갖다 버려도 그 넓디넓은 공간 어디에도 해가 되지 않을 것이라고 생각했다. 세계 인구가 늘고 산업이 발달하면서 바다로 흘러드는 쓰레기가 점점 많아질 뿐만 아니라 소재가 합성 재질인 것들이 기하급수적으로 늘어났다. 급기야 바다쓰레기 문제는 중요한 환경 문제로 부각되고 있다.

1970년대에는 바다쓰레기에 관한 아주 중요한 국제협약이 2개 발효되었다. 하나는 선박에서 폐기물을 바다에 버려 바다가 오염되는 것을 막기 위한 '폐기물의 해양 투기로 인한 해양오염 방지 협약the Convention on the Prevention of Marine Pollution by Dumping of Wastes and Other Matter(런던협약이라고도 함)'이 1972년에 채택되었고, 또 하나는 1973년에 선박에서 나오는 각종 오염물질 배출을 규제하기 위해 채택되었다가 1978년 '선박으로 인한 해양오염 방지조약 the International Convention for the Prevention of Pollution from Ships, 1973, as Modified by the Protocol of 1978 Relating thereto(MARPOL 73/78이라고

도 함)'으로 수정, 발효된 것이다. 이와 같이 일찍이 바다쓰레기를 규제하려는 국제협약이 만들어졌음에도 불구하고 바다쓰레기의 양은 줄어들지 않고 있다. 뿐만 아니라 전 세계적으로 지금과 같은 수준의 정책이나 조처만으로는 바다쓰레기를 줄일 수 없어 21세기에는 그 양이 더욱 늘어날 것이라는 어두운 전망까지 나오고 있다.

우리나라를 중심으로 생각해 보면 주변 국가인 중국, 일본과는 바다쓰레기 문제를 둘러싸고 갈등 요소가 늘 잠재되어 있다. 세 나라를 감싸고 흐르는 쿠로시오 해류와 쓰시마 난류 같은 해류와 바람이 쓰레기를 한 방향, 특히 동쪽으로 몰아가 중국의 쓰레기가 우리나라를 거쳐 일본으로, 우리의 바다쓰레기가 일본 쪽으로 이동해 가기 때문이다.

우리나라의 서남해안으로 중국의 쓰레기가 몰려들어 우리 연안을 망치고 있다는 보도가 심심찮게 나오곤 한다. 2005년부터 2007년까지 옛 해양수산부(현 국토해양부)의 연구과제로 직접 조사해 본 결과, 우리나라 연안 중 특히 제주도가 가장 큰 영향을 받는 것으로 나타났다. 전체 쓰레기 종류로는 플라스틱 음료수병과 플라스틱 부표가 가장 많고, 의료 관련 물품도 다른 항목에 비해서는 높은 비율을 차지한다.

한편, 2008년 6월에는 우리나라 연해에서 김을 양식할 때 김에 다른 생물이 붙지 말라고 쓰는 염산통이 일본 연안으로 많이 밀려가서 일본 사회에서 한국을 비난하는 여론이 들끓기도 했다. 그러나, 시야를 태평양으로 넓히면 일본 또한 자국의 쓰레기를 하와이, 호주, 미국, 캐나다 등지로 흘려보내고 있는 입장이다. 바닷물이 흘러가면서 컨베이어 벨트처럼 쓰레기를 여러 나라로 퍼트리고 있다. 따라서, 바다쓰레기 문제는 어떤 한 나라만 열심히 제거하고 그 문제를 해결하기 위해 애쓴다고 해서 해결될 수 있는 문제는 아니다.

바다쓰레기 문제를 해결하기 위한 한국과 일본의 시민단체 간의 활발한 협력활동은 현재 주변 국가들에게 바람직한 모델이 되고 있다. 우리나라의 바다쓰레기 전문단체인 한국해양구조단과 일본 환경운동네트워크Japan Environmental Action Network의 협력 관계는 2004년부터 시작되었다. 처음 일본 측으로부터 초청을 받았던 것은 2002년이었다. 일본 쓰시마對馬 섬 앞바다에 한국의 쓰레기가 많이 몰려

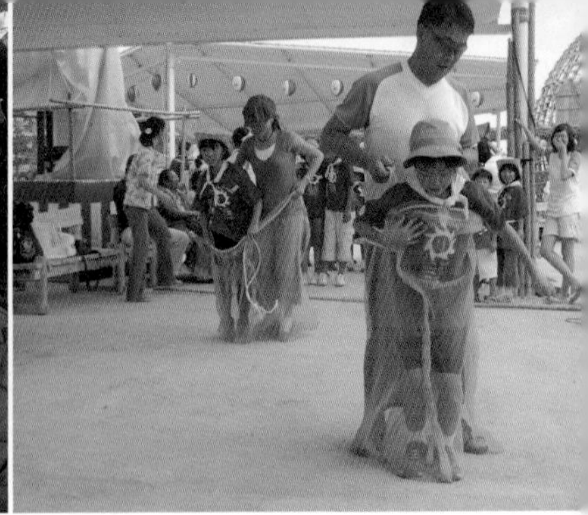

△ 왼쪽 한일 시민단체들이 바다쓰레기를 공동으로 조사하는 모습 오른쪽 일본 아이치 박람회에서 그물에 걸린 바다생물 체험 게임을 하는 모습

와 있으니 한번 와서 현장을 함께 둘러보자는 제안을 해왔다. 우리 입장으로서는 무척 조심스럽고 소극적으로 대처할 수밖에 없었다. 그런 방문 요청의 저의를 의심하는 시각도 많았으며, 일본 언론의 취재와 촬영도 무척 부담스러웠다. 일본 언론과 정부 관계자들은 되도록 이 문제를 일본 쪽의 시각에서만 다루고자 하였다. 일방적인 피해자임을 강조하는 발언들이 국제회의에서 반복되었다.

하지만, 시민단체끼리 이 같은 태도를 드러내기보다는 서로가 처한 여건에 대해 좀 더 이해하는 데 초점을 맞췄다. 우선은 각국에서 진행되는 바다쓰레기에 관한 회의나 워크숍, 행사 등에 서로 초청하여 각자 하고 있는 활동에 대해 소개하는 일부터 시작했다. 시간이 흐를수록 일

△ 왼쪽 2006년 일본 야마가타 바다쓰레기 국제 워크숍에 앞서 한일 시민단체들이 한·중·일·러 4개국 정부에 제시할 국제 협력 방향에 관한 제안서를 작성하는 모습 오른쪽 아시아-태평양 저개발국가 전문가 대상의 바다쓰레기 현장실습 장면

본의 단체가 20년 넘게 얼마나 꾸준한 노력을 계속해 왔는지 이해하게 되었다.

2005년에는 세계 엑스포가 열리는 일본 아이치愛知 현에서 한일 양국의 두 단체가 '바다쓰레기 체험 활동 프로그램'을 공동으로 진행했다. 2005년, 2006년에는 각국을 방문해 공동으로 현장조사를 실시하고, 두 단체가 각각 사용하고 있는 바다쓰레기 조사방법을 비교하여 좀 더 나은 조사방법을 찾아 나갔다. 2006년부터는 연초에 연례회의를 열어 지난 1년 동안 진행한 활동을 공유하고 다음 해의 계획을 세우며 각자의 역할과 협력할 일 등을 상의한다. 또한, 2006년부터는 국제기구인 '북서태평양보전실천계획Northwest Pacific Action Plan, NOWPAP'에서 개최하는 행사에 공동주관자로서 협력해 오고 있다.

한국, 일본, 중국, 러시아가 회원국인 이 조직은 시민단체가 주도하는 '국제 연안정화의 날' 행사와 워크숍을 번갈아가며 개최하고 있다. 2006년 9월에는 일본 사카타시, 2007년 6월에는 중국 리자오 시, 9월에는 우리나라 부산시, 2008년 9월에는 러시아 블라디보스톡 시에서 연이어 행사가 열렸다. 이러한 노력은 아시아 지역으로 확산되고 있다. 이를 통해 바다쓰레기 문제에 있어서도 시민단체의 역할이 매우 중요하다는 것을 알 수 있다. 국가정책만으로 또는 전문연구자들만의 힘으로는 절대 해결할 수 없는 문제가 바로 바다쓰레기 문제이기 때문이다.

우리가 지금 이렇게 노력을 하더라도 다음 세대에게 쓰레기가 뒹구는 해변에서 해수욕을 해야 하는 미래를 남겨 줄 수도 있다. 그럼에도 노력은 계속되어야 하고 할 수밖에 없다. 시민 한 사람 한 사람이 자신의 일로 받아들이고 적극적으로 나서서 함께할 때만이 문제 해결에 한걸음 더 다가설 수 있기 때문이다.

맺는 말

현대화된 사회에서 살고 있으면서 쓰레기를 배출하지 않는 사람은 거의 없다. 그 쓰레기가 육지에서 적절히 처리되지 못하면 결국은 바다로 들어가게 된다. 그런 면에서 바다쓰레기와 무관한 사람은 없다고 해도 과언이 아니다.

바다쓰레기 문제는 여러 가지 다른 해양오염 문제에 비하여 시민운동이 매우 활발한 분야이다. 미국의 오션 컨서번시Ocean Conservancy라는 단체의 기여가 아주 컸다. 지난 20여 년 동안 연안을 청소하면서 조사하는 행사를 전 세계로 확산시켜 왔다. 전 세계에서 '국제 연안정화의 날' 행사를 이끌고 있는 사람들은 모두 일반 시민들이다. 연구원이나 교수도 아니고, 관련 공무원이나 업계에서 책임 있는 사람도 아니다. 자기 생업이 따로 있으면서 자원봉사로 하는 사람도 있고, 아예 직업적으로 나선 사람도 더러 있다. 그저 지구를 위해, 지구에 기대어 살 후손을 위해 스스로 나섰을 뿐이다.

우리나라에는 바다쓰레기 전문가가 정말 드물다. 손가락으로 꼽을 수 있을 정도에 불과하다. 더럽다고 생각해서 그럴까? 그냥 치워 버리면 없어지는 단순한 관리 대상으로 보기 때문일까? 바닷가에 나가는 일이 드물어 실상을 잘 모르기 때문일까? 깊이 있게 연구할 대상이 아니라고 생각해서일까? 일면 다 맞는 말이다. 어떤 부모라도 아이를 바닷가에서 쓰레기를 뒤지는 사람으로 만들고 싶지는 않을 것이다. 하지만 쓰레기를 더러움으로 보지 않고 탐구의 대상으로, 수사의 대상으로 보기 시작하면 과학수사대Crime Scene Investigator, CSI 저리 가라다. 2008년 10월 해남의 한 해변에서 겹쳐진 몇 장의 고지서가 3분의 2쯤 불탄 채 발견되었다. 그 자리에서 쓰레기를 조사하던 사람들 사이에 추리가 시작되었다. 고지서에 남아 있는 내용들을 세밀히 살펴, 같은 마을사람들의 고지서라는 것을 알아냈다. 불탄 면이 선명하게 남아 있는 것으로 보아 다른 지역에서 불탄 후 떠밀려 온 것이 아니라 이 해변에서 태운 것이라는 설명이 설득력 있었다. 인근의 마을로 배달되어야 할 고지서가 왜 해변에서 불태워졌을까? 그 나머지 추리는 독자들에게 맡기겠다.

우리가 하는 일은 이렇다. 바다쓰레기 하나하나가 어떤 용도로 씌었는지, 어떤 경로를 통해 오게 되었는지, 어떤 것부터 해결해야 하는지를 생각하고 토론하다 보면 시간가는 줄 모른다. 그러다 원인을 알게 되고, 어떤 것부터 시급히 해야 할지 정해지면 문제 해결을 위해 바쁜 하루가 즐겁기만 하다.

중금속이나 유기독성물질에 의한 오염, 산업폐수나 농축산폐수로 인한 수질오염, 적조, 기름오염, 해양오염 등 우리 바다를 오염시키는 많은 요인들 중 바다쓰레기는 계절이나 지역에 상관없이 가장 보편적인 해양오염원이 되고 있다. 원인도 육지에서 흘러들어가는 것, 바닷가에서 직접 버리는 것, 배에서 버리거나 다른 나라에서 버려져 흘러온 것 등 광범위하고 다양하다. 우리나라에서 바다쓰레기 운동은 그 역사가 10년도 채 안 된다. 정부의 정책은 쓰레기를 버리는 사람들의 행동을 막지 못하고, 전문 연구 결과들은 시민들의 의식에까지 영향을 주지 못한다. 소수의 시민단체가 발 벗고 나서고 있지만 갈 길이 너무 멀다. 유아부터 초중고등 학생들, 대학생, 가정주부, 일반시민, 상인, 농어민 등 누구를 막론하고 바다쓰레기의 실태를 육상쓰레기 문제만큼만 알게 된다면, 그만큼 해결을 위한 노력과 구체적인 실천도 뒤따를 것이다. 이 책이 이러한 노력과 실천에 작은 도움이 되었으면 한다.

사진에 도움을 주신 분들

부산환경운동연합 낙동강 하구(15쪽)

습지와 새들의 친구 낙동강 하구 쓰레기(20쪽)

시지훈 바다유리(99쪽)

이승현 낙동강 수문앞 초목류 쓰레기(18쪽)

이종명 비둘기(122쪽)

조동오 하와이 어망 재활용(88쪽)

한국진 백령도(10, 36, 72쪽)

한국해양구조단 강진지역대 바닷속 쓰레기 수거(49쪽 오른쪽)

한국해양구조단 보령지역대 쓰레기되가져오기캠페인(117쪽)

한국해양구조단 속초지역대 바닷속 쓰레기 수거(49쪽 왼쪽)

한국해양구조단 완도지역대 바닷속 쓰레기 수거(51쪽)

Amos Nachoum 수중다이버(뒤표지)

Irene Kinan-Kelly 앨버트로스(40쪽 하단 오른쪽, 65~69쪽)

Japan Environmental Action Network 플라스틱 레진 펠릿(79쪽)

Kanjana Adulyanukosol 고래 위장 속 비닐봉지, 죽은 쇠향고래 (40쪽, 44쪽)

Kanyarat Kosavisutte 쓰레기 재료(103쪽)

NOAA 그물에 걸린 바다생물들(39쪽, 40쪽)

Ocean Conservancy 풍선리본에 걸린 새(63쪽)

Save the Albatross 앨버트로스(69쪽 아래)

참고문헌

국토해양부 · 한국해양구조단, 『국가 해양쓰레기 모니터링 안내서』, 2008.

박영선, 『플라스틱에 의한 해양오염방지 방안』, 해양한국, 1999, 88~102쪽.

영남씨그랜트대학사업단, 『해양수산전시시설을 활용한 해양쓰레기 체험프로그램 및 교구재 개발』, 2008.

중앙119구조대, 『재난유형별 사고 사례집』, 1998.

해양수산부, 『해양폐기물 종합처리시스템 개발연구(III)』, 2002, 635쪽.

홍선욱 · 이종명, 『국제 연안정화의 날 바다대청소 행사 안내서』, 2006.

한국수자원공사, 『낙동강하구둑 부유물 수거 및 처리 실적』, 2008.

한국해운조합, 『여객선 해난사고 사례집(1962~1994)』, 1995.

Andrady, A., 『Plastics & the oceans』, 2004 International

coastal cleanup conference, 2004.

Beck, C. · B. Nelio, 「The Impact of Debris on the Florida Manatee」, 『Marine Pollution Bulletin』 32(10): 508-510, 1991.

Bjorndal, K. A. · A. B. Bolten · C.J. Lagueux, 「Ingestion of marine debris by juvenile sea turtles in coastal Florida habitats」, 『Marine Pollution Bulletin』 28(3): 154-158, 1994.

EPA, 『Turning the tide on trash: A learning guide on marine debris』, 1992, p. 33.

Henderson, J. R., 「A pre- and post-MARPOL annex V summary of Hawaiian Monk Seal entanglements and marine debris accumulation in the Northwestern Hawaiian Islands, 1982-1998」, 『Marine Pollution Bulletin』 42(7): 584-589, 2001.

Irene Kinan, 『Occurrence of plastic debris and ingestion by Albatross at Kure atoll, Northwestern Hawaiian islands』, 2004.

Moser, M. L. · D. S. Lee, 「A fourteen-year survey of plastic ingestion by western North Atlantic seabirds」, 『Colonial Waterbirds』 15(1): 83~94, 1992.

Ocean Conservancy, 『2007 International Coastal Cleanup Report』, 2008.

Page, B. · J. Mckenzie · R. McIntosh · A. Baylis · A. Morrissey · N. Calvert · T. Haase · M. Berris · D. Dowie · P.D. Shaughnessy · S.D. Goldsworthy, 「Entanglement of Australian sea lions and New Zealand fur seals in lost fishing gear and other marine debris before and after government and industry attempts to reduce the problem」, 『Marine Pollution Bulletin』 49(1-2): 33~42, 2004.

Santos, M. N. · H. J. Saldanha · M.B. Gaspar · C.C. Monteiro, 「Hake(*Merluccius merluccius* L., 1758) ghost fishing by gill nets off the Algarve(southern Portugal)」, 『Fisheries Research』 64(2-3): 119~128, 2003.

신문 · 방송 자료

팝뉴스, 2008년 1월 2일, 「1년 쓰레기 집안에 모아 보니, '쓰레기 수집 프로젝트' 화제」.
일본후지텔레비전, 2007년 6월 16일 報道プレミアA, 「海水浴場に 大量注射器 謎の醫療ごみ追跡」.

포스터

Queensland Government, Austrailia · Natural Heritage Trust, 『A gutful of plastic』

인터넷사이트

자원순환사회연대 http://www.waste21.or.kr/

ARKive http://www.arkive.org

By the bay treasures http://www.bythebaytreasures.com/

Marine Photobank http://www.marinephotobank.org/secure/account-login.php